U0052210

25款經典設計隨你挑！

自己作
絕對好穿搭的
手作裙

Boutique-Sha◎授權

不管是定番或流行的裙款
都想自己動手作

本書介紹各式各樣的款式，
從簡單就能完成的直線縫裙子、蓬鬆的圓裙，
到有點難度的拉鍊開口裙等，
擁有本書，
不管是定番款或流行的樣式都難不倒你。
另外還提供了製作漂亮裙子的重點技巧解說，
請一併參考吧！

CONTENTS

製作漂亮裙子的
重點技巧解說

1

綁繩褶襉裙

前後的樣式相同，直線縫就能完成的簡單褶襉裙。不會太寬的適中分量感，讓大人女子容易穿得合身又好看。同布料的腰間綁繩更增添裝飾感。

作法　→　P.44

布料…布地のお店solpano

製作…吉田みか子

後片也採用與前片相同的褶襉。

開襟外套…prit
項鍊…Aleksia Nao by imac（imac）
鞋…DIANA（DIANA銀座本店）

早春或初秋搭配開襟衫也很有型。

2

直筒圍裹裙

直筒形的休閒圍裹裙。猶如將紙袋口抓緊般的花苞感腰間設計，流露出時尚感。布料是百搭的卡其素面布。

作法 → P.46

布料⋯布地のお店solpano

製作⋯酒井三菜子

襯衫⋯prit
襪子⋯襪子屋（Tabio）

直筒造型搭配絕妙褶襉，營造出剛剛好的貼身感。

側面的線條也很美。

POINT

1 上前使用暗釦，下前以鈕釦固定的圍裹式設計。

2 褶襉只是簡單車縫壓線，以呈現花苞感。

3

拉鍊開口
斜紋裙

接合兩片斜向剪裁的裙片,貼身舒適又勾勒出美麗線條。使用大圖案印花布,在夏日陽光下更顯出色。

作法 → P.48

布料…ヨーロッパ服地のひでき

製作…吉田みか子

POINT

腰頭以相同布滾邊。拉鍊開口在脇邊。

隱型拉鍊縫法 →P.34

胸針…Torcere（MOONBAT）
涼鞋…DIANA Romache（DIANA原宿店）

4

拉鍊開口
不規則下襬裙

一穿上身，兩側便自然垂墜，時尚優雅的不
規則下襬裙。將作品3的紙型下襬修改成直
線條的變化款。

作法 ——→ P.50

布料…服地のアライ

製作…吉田みか子

襯衫…Cepo（BLUEMATE）
項鍊…MDM
鞋…WASHINGTON（銀座WASHINGTON銀座本店）

5

蛋糕裙

呼應碎花圖案的三段剪接蛋糕裙。因為加入了許多細褶，建議使用薄至中厚左右的布料。

作法 → P.52

布料…ヨーロッパ服地のひでき

製作…渋澤富砂幸

帽子…MACKINTOSH PHILOSOPHY
（MOONBAT）

6
下襬剪接裙

具穿透感的蕾絲素材，作成裙子時加上了裡布。所有紙型都是直線，作法比想像中簡單多了。裙襬巧妙保留蕾絲的扇貝形花邊。

作法 → P.54

布料…布地のお店solpano

製作…渋澤富砂幸

項鍊…imac（imac）
鞋…Le ciel d'or（Mode et Jacomo）

7

手帕式下襬裙

如鋸齒狀的裙襬，彷彿是手帕從中間抓起後四個角參差垂下的樣子，給人時尚的感覺。乍看複雜，其實只要接合前後兩片裙片就完成了，相當簡單喔！

作法 → P.56

布料…布地のお店solpano

製作…太田順子

項鍊…imac（imac）
鞋…DIANA（DIANA銀座本店）

每動一下，就變換不同表情的不對稱線條，演繹時尚風。

後片也搖曳飄動，展現優雅。

8

兩片式圓裙

每次動一動，裙襬便隨著搖曳生姿的美麗兩
片式圓裙。束上同布料的腰封，享受層次感
的穿搭樂趣。

作法 → P.58

布料…清原

製作…金丸かほり

 POINT

腰部只有後面使用鬆緊帶。即
使沒有腰封，一樣可以穿出美
麗姿態。

腰帶縫法 →P.38

涼鞋…TALANTON by DIANA
（DIANA銀座本店）

9

四片圓裙

組合四片相同形狀的布料，成為可愛的格紋圓裙。腰部利用鬆緊帶抽出小小荷葉邊。

作法 → P.60

布料…COSMO Textile（AD46300～3219）

製作…渋澤富砂幸

上衣…DO!FAMILY原宿本店
帽子…FURLA（MOONBAT）
胸針…Torcere（MOONBAT）

10

圍裹風褶襉裙

有種懷舊的氛圍，卻帶有些許新鮮感的圍裹風A字裙。以釦子固定大片褶襉的洗練設計。

作法 ⟶ P.70

布料…布地のお店solpano

製作…金丸かほり

看起來像圍裹式，其實是在穿著時以釦子固定住大片褶襉。

11

圍裹風褶襉裙

拉長了作品10的裙長。換成直條紋布，褶
襉部分使圖案的方向出現變化，別具趣味。

作法 → P.70

布料⋯布地のお店solpano

製作⋯金丸かほり

領巾⋯MACKINTOSH PHILOSOPHY（MOONBAT）
鞋⋯DIANA（DIANA銀座本店）

12

前短後長燕尾裙

前短後長的燕尾裙，美得像盛開的花朵。腰部只有後面穿鬆緊帶，前面顯得簡潔俐落。

作法 → P.62

布料…布地のお店solpano

製作…太田順子

罩衫…Cepo（BLU E MATE）
耳環…MDM
鞋…WASH（Due passi per wash LUMINE橫浜店）

13

剪接細褶裙

深藍白色水玉圓點的可愛及膝細褶裙。利用
剪接將分量控制得恰如其份，有型又漂亮。

作法 ── P.64

布料…ヨーロッパ服地のひでき

製作…金丸かほり

項鍊…MDM
涼鞋…WASHINGTON（銀座WASHINGTON銀座本店）

14

高腰窄裙

商務形象強烈的高腰窄裙，選用了當季的漂亮色彩，營造出時尚又不致太銳利的感覺。兩側的口袋使橫向曲線不會太明顯，發揮修飾體態的效果。

作法 → P.66

布料…COSMO Textile（AD22000-24）

製作…酒井三菜子

襯衫…prit
手錶…Sea Rose JEWEL（imac）
鞋…WASHINGTON（銀座WASHINGTON銀座本店）

後片有簡潔的拉鍊開口。

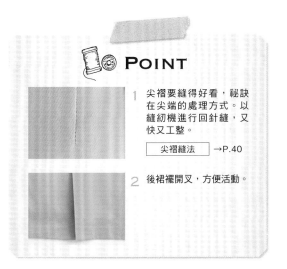

POINT

1　尖褶要縫得好看，祕訣在尖端的處理方式。以縫紉機進行回針縫，又快又工整。

尖褶縫法　→P.40

2　後裙襬開叉，方便活動。

高腰設計有拉長腿部的效果。

15

窄裙

配合穿搭，可以休閒也可以上班穿著
的條紋窄裙。加入尖褶的優美線條，
魅力迷人！

作法 → P.69

布料…布地のお店solpano

製作…酒井三菜子

項鍊…MDM
鞋…WASH
（Due passi per wash LUMINE横浜店）

16

不對稱圍裹裙

右前下襬斜裁的時尚圍裹裙。使用堅挺的丹寧布縫製，四季都能派上用場。

作法 → P.80

布地…岩瀨商店

製作…酒井三菜子

 POINT

上前使用暗釦，下前以釦子固定的圍裹式設計。

FAR CUE
EASE FAITH

靴…DIANA（DIANA銀座本店）

17

吊帶裙

勾起大人少女心的吊帶裙。與腰部略微重疊
的肩帶,與多個褶襉的裙身形成絕佳平衡。
還有方便好用的口袋。

作法 ⟶ P.76

布料…清原

製作…太田順子

後腰帶為鬆緊帶，穿起來輕鬆舒適。

POINT

後面的肩帶以釦子固定，兩段式，可調整長度。

搭配白襯衫的黑白穿搭，充滿俐落感。

18

褶襉裙

作品17捨棄了肩帶，換上可愛大點點圖案的褶襉裙。布料使用棉麻平織布，不會太薄也不會太厚。

作法 → P.76

布料…ヨーロッパ服地のひでき

製作…太田順子

POINT

利用脇邊線作成的口袋。

脇邊線口袋縫法 → P.37

上衣…prit
胸針…Torcere（MOONBAT）
襪子…襪子屋（Tabio）
鞋…FIT JOY（FITJOY JAPAN）

19

氣球裙

洋溢自然氛圍的氣球裙，裙襬的剪接打造出
立體線條。腰部使用鬆緊帶，穿著時擁有極
佳舒適感。

作法 → P.82

布料…布地のお店solpano

製作…吉田みか子

上衣…DO！FAMILY原宿本店
圍巾…NEISHA CROSLAND（MOONBAT）
襪子…襪子屋（Tabio）

20

百褶裙

前裙片摺出五個褶子，展現優雅氣質。布料挑選淺駝色夏日羊毛布，不論居家或外出時的搭配性都很強。

作法 → P.73

製作…加藤容子

POINT

只有後面是鬆緊帶，將上衣紮進去也能簡潔俐落。

項鍊…imac（imac）
鞋…DIANA Romache（DIANA原宿店）

21

百褶裙

縮減作品20的裙長。改用蘇格蘭格紋布，感覺就完全不一樣了！呈現出休閒與傳統交織的印象。

作法 → P.73

布料…布地のお店solpano

製作…加藤容子

帽T…DO！FAMILY原宿本店
T恤…prit
鞋…DIANA（DIANA銀座本店）

22

單一箱型褶裙

使用時尚的Fancy Lame Twill布料製作的
裙子，春、秋、冬三季都很適合穿。設計重
點為裙子正中間的單一箱形褶。

作法 ──▶ P.86

布料…布地のお店solpano

製作…加藤容子

罩衫…Cepo（BLU E MATE）
胸針…Torcere（MOONBAT）
緊身襪…襪子屋（Tabio）
鞋…FABIO RUSCONI WASHINGTON
（銀座WASHINGTON銀座本店）

23

單一箱型褶裙

款式與作品22相同，但在兩側加上口袋，
注入休閒風。布料是彈性適中的Half Linen
Twill。

作法 → P.86

布料⋯清原

製作⋯加藤容子

罩衫⋯DO!FAMILY原宿本店
項鍊⋯MDM
涼鞋⋯WASHINGTON（銀座WASHINGTON銀座本店）

24

六片裙

所謂多片裙是指拼接形似縱長梯型布料的裙
款。朝著裙襬漂亮散開的線條,非常迷人!

作法 → P.84

布料…COSMO Textile（AD22000-247）

製作…渋澤富砂幸

上衣…Cepo（BLU E MATE）
鞋…Le ciel d'or（Mode et Jacomo）

25

六片裙

將過膝長度的作品24加長至八分長的設計。散開的分量因此增加，也更顯雅致。隨著使用布料改變風格，可以居家也可以正式的款式。

作法 → P.84

布料…清原

製作…渋澤富砂幸

上衣…DO!FAMILY原宿本店
涼鞋…TALANTON by DIANA（DIANA銀座本店）

製作漂亮裙子的
重點技巧解說

解說縫製漂亮裙子的重點技巧，P.32至33是不失敗的選布方法，
P.34至40針對常用的縫製技巧搭配圖片一步步加以說明，可一併參閱。

不失敗的選布方法

裙子的布料，是依照設計來決定適合與否。例如細褶裙等較有分量感的設計，適合使用薄或中厚的布；窄裙等纖細的設計，則以堅挺結實的布料為宜。而使用蕾絲這類穿透性素材時，最好加上內裡，會更加舒適。若加上內裡有難度，可以只作單層再穿上襯裙。

裙子離臉部稍遠，會有一些雖然喜歡但不怎麼好配的顏色，或平常不會穿的圖案等可大膽挑戰的品項。相反的，如果挑選一些基本的顏色與素材，因為好穿搭，實用性則非常強。在店頭買布感到猶豫不決時，不妨對著鏡子將布置於下半身，想像如果是這塊布，自己衣櫃裡有哪些上衣可以搭配，再一邊挑選，增添手作的樂趣。

褶襉裙

建議選用有一定堅挺度的棉、麻、羊毛等。若是挑有穿透感的布，因為褶襉布重疊處的顏色看起來會不一樣，花紋也看似兩層，最好避開不用。至於厚丹寧布等硬布，針不易穿過，不適合新手。以布料疊成三層，家中縫紉機還能車縫的厚度為基準。

建議用布

嫘縈・亞麻帆布混紡青年布　　棉・麻混紡平織布

細褶裙

建議挑選薄或中厚的棉、麻、二重紗、聚酯纖維等。薄布與多皺褶的設計很搭配。若皺褶太少，有時容易流於單調貧乏，還是要打造適度的分量感。

建議用布

薄的法國紗布　　　　　彈性聚酯纖維

前短後長燕尾裙

前短後長的裙子，由於從前方觀看，會看到後片的裡側，建議挑選表裡差異不大的布料。印花布的背面一般以白色居多，最好避開。先染素面、條紋及格紋等更能彰顯設計感。

建議用布

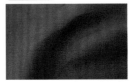

表裡差異不大的法國亞麻帆布

圓裙

可展現漂亮線條的棉、麻、羊毛、斜紋布、薄丹寧布等稍堅挺的布料。因為接合部分大多是斜布紋，最好避開容易伸展的布料。單一方向的印花圖案，斜裁後會看起來怪怪的，避開會比較安全。條紋與格紋等，圖案變化可帶來時尚漂亮的表情，很推薦使用。

建議用布

比西裝襯衫布料堅挺的格紋布

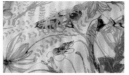
大圖案的麻質印花布

百褶裙

適用棉混紡聚酯纖維、斜紋布、夏日羊毛布及軋別丁等。最好避開不耐熨斗熱度的尼龍及仿麂皮等。棉布及麻布容易摺出褶線，但也易起皺，建議只有前裙片打褶的設計才使用。熨斗從褶子的背面熨燙，褶線不易翹起，可以燙得很工整。

建議用布

褶子可以確實摺疊固定的高密度斜紋布

觸感堅挺的夏日羊毛布

窄裙

適用棉斜紋布、丹寧及羊毛等堅挺布料。因為是貼身設計，萬一坐下時針腳裂開就慘了。為有效防範，請挑選結實的布料。若是採用拉鍊開口，挑選不易綻線的布料會比較好作業。

建議用布

不會太厚容易車縫的棉斜紋布

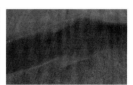
家用縫紉機可以車縫的10盎司丹寧布

麻素材的裙子

在裁剪麻質布料前，最好先下水，一為防止作品完成後縮水，二則可帶出獨特觸感。於洗衣機放水浸泡2至3小時，或以洗衣機的手洗模式輕輕清洗。脫水後以手拍打，使皺紋變平再放陰涼處乾燥。

建議用布

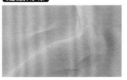
獨具觸感的STANDARD LINEN

散發清涼感的柔軟法國亞麻帆布

穿透素材的裙子

在使用蕾絲等穿透性素材時，最好加上裡布。若採用鬆緊帶腰頭，考量容易取得的鬆緊帶顏色，建議選擇黑色或白色系的布。

建議用布

黑底的花朵蕾絲細平布

裡布是黑色素面布

以圖片說明本書經常使用的縫法。

隱形拉鍊

使用到的作品

P.6 - 3   P.7 - 4   P.17 - 13   P.18 - 14   P.20 - 15

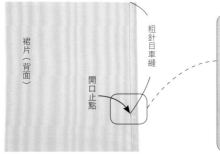

裙片（背面）
粗針目車縫
開口止點

1 將裙片正面相對疊合，開口止點之上以粗針目車縫，開口止點至裙襬以一般針目車縫。

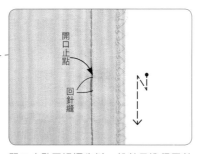

開口止點
回針縫

開口止點至裙襬先以一般針目進行回針縫，再往下車縫。

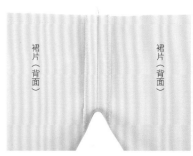

裙片（背面）　　裙片（背面）

2 以熨斗燙開縫份。

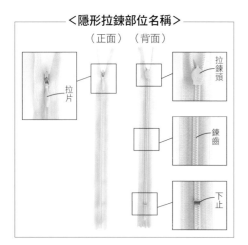

＜隱形拉鍊部位名稱＞

（正面）　（背面）

拉片

拉鍊頭

錬齒

下止

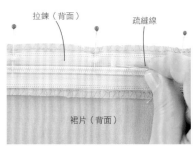

完成線

裙片（背面）

拉鍊（背面）

3 將隱形拉鍊的錬齒上端置於完成線向下1cm處（視設計而異，請參考作法說明）。

拉鍊（背面）　　疏縫線

裙片（背面）

4 將錬齒中心對齊針腳，以疏縫線縫合拉鍊與縫份。

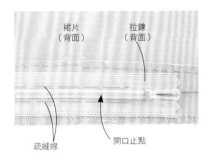

5 另一側的縫法相同。

＜拉鍊暫時車縫固定處＞

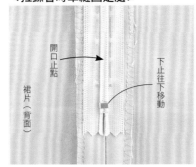

將下止往下移動。

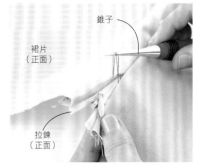

6 拆掉粗針目車縫線。
（使用錐子比較好作業）

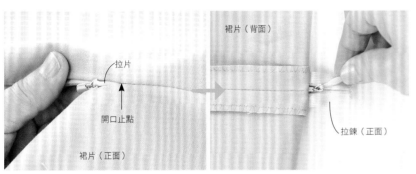

7 將拉鍊頭從開口止點拉至背面，再下拉到最後。

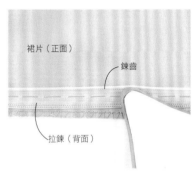

8 以熨斗將錬齒向上翻（熨斗約中溫或140至160°）。

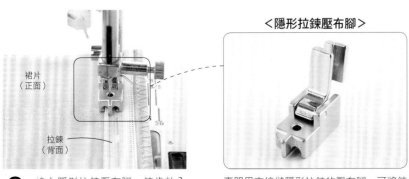

9 換上隱形拉鍊壓布腳，錬齒放入溝槽車縫。

＜隱形拉鍊壓布腳＞

專門用來接縫隱形拉鍊的壓布腳。可將錬齒豎起沿錬齒邊車縫。

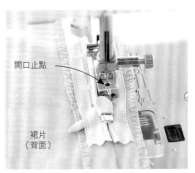

10 車縫至開口止點。

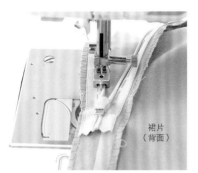

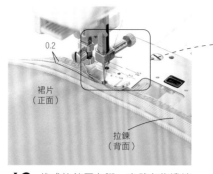

<單邊拉鍊壓布腳>

11 另一側也同樣車縫至開口止點。

12 換成拉鍊壓布腳，車縫布條邊端縫合固定。

因為壓布腳不會左右移動，只能壓住單側，所以不會卡到鍊齒而能同方向的車縫。

<車縫位置>

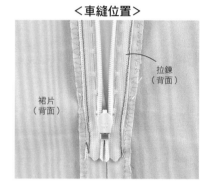

13 車縫至開口止點向下2至3cm處。

14 另一側縫法相同。

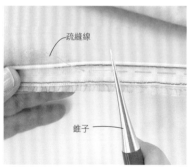

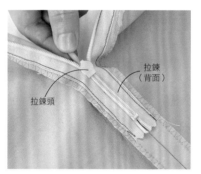

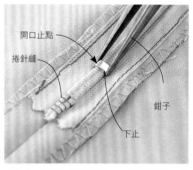

15 拆掉疏縫線。

16 將拉鍊頭拉至正面，拉到高於開口止點的位置。

17 將下止移動到開口止點的位置，以鉗子夾緊固定。捲針縫拉鍊下端。

<車縫位置>

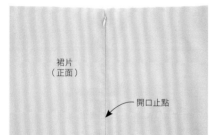

表側

裡側

脇邊線口袋

使用到的作品

P.22 - 17　　　P.24 - 18

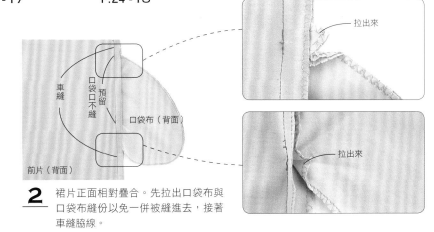

拉出來

拉出來

1 將口袋布與裙片正面相對疊合，車縫口袋口。

車縫
口袋口
口袋布（背面）
口袋布（背面）
後片（正面）
前片（正面）

2 裙片正面相對疊合。先拉出口袋布與口袋布縫份以免一併被縫進去，接著車縫脇線。

車縫
口袋口不縫
預留
口袋布（背面）
前片（背面）

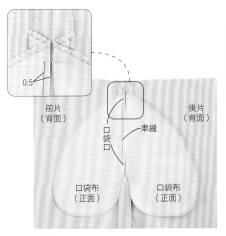

0.5
前片（背面）
後片（背面）
口袋口
車縫
口袋布（正面）
口袋布（正面）

3 燙開縫份，將口袋布與裙片背面相對疊合。車縫前片的口袋口。

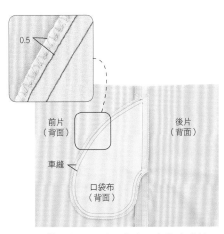

0.5
前片（背面）
後片（背面）
車縫
口袋布（背面）

4 對齊兩片口袋布，車縫完成線。接著車縫縫份。

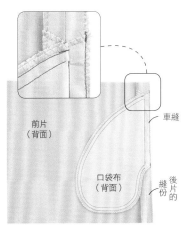

前片（背面）
車縫
口袋布（背面）
後片的縫份

5 對齊後裙片的縫份與口袋布的縫份，車縫邊端。

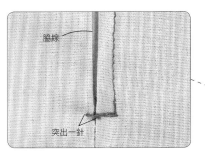

脇線
突出一針

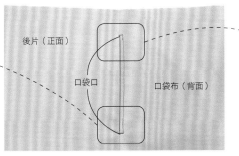

後片（正面）
口袋口
口袋布（背面）

6 對齊前裙片與口袋布，翻至正面，於口袋口的上下重複車縫2至3次。

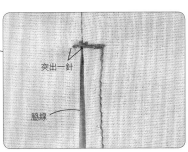

突出一針
脇線

腰帶（後面穿入鬆緊帶時）

使用到的作品

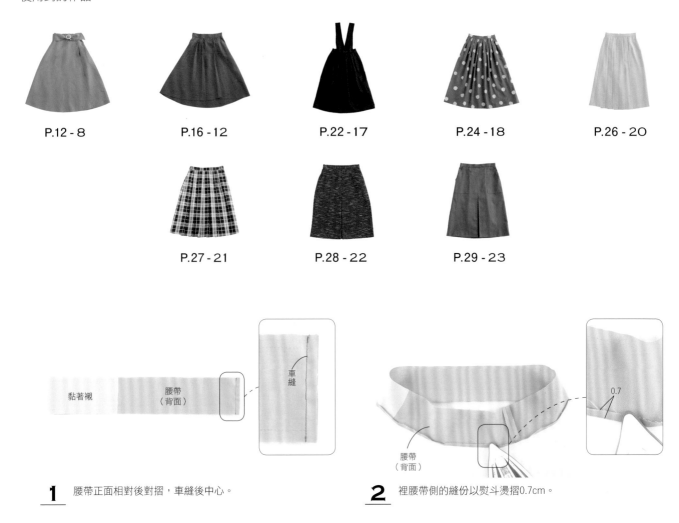

P.12 - 8　　　　P.16 - 12　　　　P.22 - 17　　　　P.24 - 18　　　　P.26 - 20

P.27 - 21　　　　P.28 - 22　　　　P.29 - 23

1 腰帶正面相對後對摺，車縫後中心。

黏著襯　腰帶（背面）　車縫

2 裡腰帶側的縫份以熨斗燙摺0.7cm。

腰帶（背面）　0.7

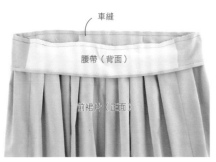

3 腰帶與裙子正面相對疊合，車縫完成線。

車縫　腰帶（背面）　前裙片（正面）

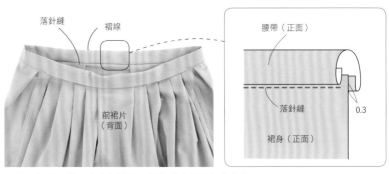

4 摺疊腰帶，自表側沿後腰帶的縫線旁進行落針縫。

落針縫　褶線　腰帶（正面）　前裙片（背面）　落針縫　0.3　裙身（正面）

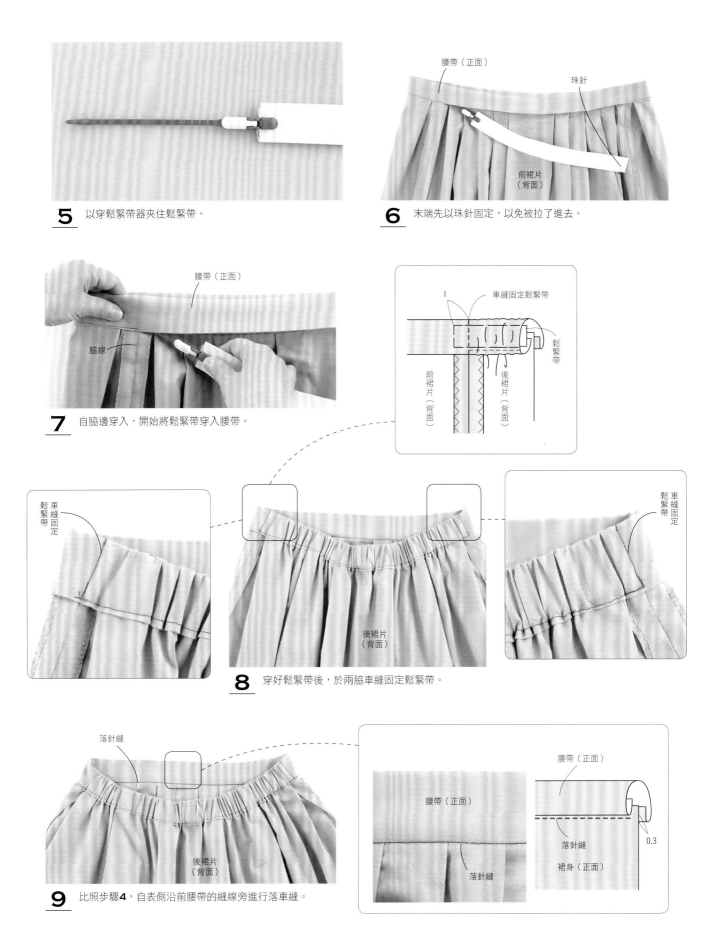

5 以穿鬆緊帶器夾住鬆緊帶。

腰帶（正面）

珠針

前裙片
（背面）

6 末端先以珠針固定，以免被拉了進去。

腰帶（正面）

脇線

7 自脇邊穿入，開始將鬆緊帶穿入腰帶。

車縫固定鬆緊帶

前裙片（背面）

後裙片（背面）

鬆緊帶

車縫固定
鬆緊帶

車縫
固定
鬆緊帶

後裙片
（背面）

8 穿好鬆緊帶後，於兩脇車縫固定鬆緊帶。

落針縫

後裙片
（背面）

9 比照步驟**4**，自表側沿前腰帶的縫線旁進行落車縫。

腰帶（正面）

落針縫

腰帶（正面）

落針縫

裙身（正面）

0.3

尖褶

使用到的作品

P.14 - 10　　P.15 - 11　　P.18 - 14　　P.20 - 15　　P.21 - 16　　P.26 - 20　　P.27 - 21

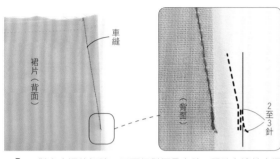 

＜車縫位置＞

1 對齊尖褶的記號，正面相對摺疊車縫。緊貼布邊於尖褶的前端車縫2至3針。一開始回針縫重疊2至3針後，再正常車縫2至3針，讓針腳落在布的外側。

2 以布或毛巾摺成硬硬的圓形熨燙墊，再放上裙片，以熨斗將尖褶倒向中心側，注意不要讓尖褶前端裂開。

尖褶前端呈現漂亮的圓，而不是酒窩狀。

藏針縫的縫法

＜車縫位置＞

裡側　　　　　　表側

1 依Z字縫的寬度摺疊縫份，以小針挑縫褶線，裙側則是挑起1至2根織線進行藏針縫。

三摺邊車縫

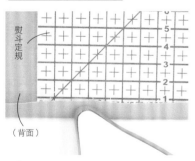  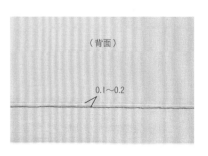

1 以熨斗摺疊1cm縫份。

2 以熨斗燙壓完成線。

3 三摺邊車縫。

原寸紙型的使用方法

1 剪下書中所附的原寸紙型

◆沿裁切線剪下原寸紙型。
◆確認想要製作的作品編號的紙型，是以何種線條表示及分成幾片。

2 複寫到其他紙上
◆將紙型複寫到其他紙上使用。方法有以下兩種：

複寫至不透明紙上

將紙型置於不透明紙上，
中間夾入複寫紙（單面），
接著以波浪型點線器在紙型的線條上按壓複印。

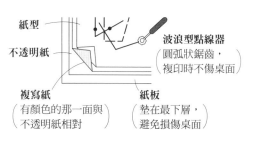

紙型
不透明紙
複寫紙
（有顏色的那一面與
不透明紙相對）

波浪型點線器
（圓弧狀鋸齒，
複印時不傷桌面）

紙板
（墊在最下層，
避免損傷桌面）

複寫至透明紙上

將透明紙（描圖紙等）置於紙型上方，
以鉛筆描圖。

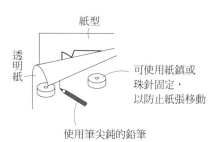

紙型
透明紙
可使用紙鎮或
珠針固定，
以防止紙張移動
使用筆尖鈍的鉛筆

【複寫紙型的注意事項】

●合印記號、接縫位置、開口止點、
布紋（直向）等記得也要一併複寫，
同時標明各部位的名稱。
●有時1片內會標示「右後‧左後」等
兩部分的紙型，請各自複寫使用。

3 加上縫份後裁剪紙型

◆紙型不含縫份，請依作法中的指示加上縫份。

【加上縫份的注意事項】

●縫合處的縫份原則上是同寬度。
●與完成線平行的加上縫份。
●延長後要加縫份時，在複寫紙型的紙上預
留空白，縫份反摺後剪下，避免縫份不足
（參照範例）。
●依布料的材質（厚度、伸縮性）及開口位
置（後中心、前中心等）的縫製方法加上
不同寬度的縫份。

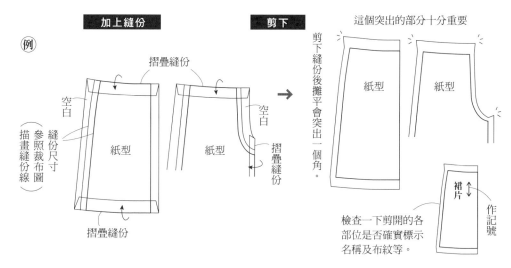

加上縫份　　剪下

例

摺疊縫份
空白
紙型
摺疊縫份
縫份尺寸（參照裁布圖）
描畫縫份線

空白
紙型
摺疊縫份

剪下縫份後攤平會突出一個角
這個突出的部分十分重要

紙型　紙型

裙片　作記號

檢查一下剪開的各
部位是否確實標示
名稱及布紋等。

4 在布上配置紙型後裁布

●試著將所需紙型排放於布上。一邊注意布
的摺法、紙型的布紋方向（直向）等，一
邊配置紙型，接著將布料固定，進行裁剪。

如果沒有大桌子，
就找個可以將布攤
開的空間作業。

先將紙型全部放在布上，
再思考如何配置是最好的。

＊標示的布紋線方向放置紙型。
＊＊經線方向的布紋稱為直布紋，緯線方向稱為橫布紋，對齊布紋方向的方向與紙型方向放置紙型。
布紋方向（即布的織目）稱為直布紋，

裁剪時是移動身體而不是布，因為布料一旦移動，位置就會跑掉。

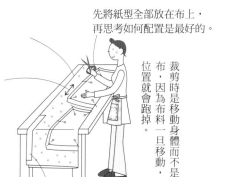

直線縫的部位未附原寸紙型，直接在布上作記號裁剪。

尺寸參考表（裸身尺寸）

部位＼尺寸	S	M	L	LL
腰圍	62	66	70	76
臀圍	88	90	94	98
腰長	19	20	21	21
股上長	25	26	27	28
股下長	62	65	67	69
身高	153	158	162	166

（單位cm）

製圖記號

———	完成線（粗線）	←——→	布紋記號（箭頭方向代表布是直紋）
———	引導線（細線）	⌒⌒	等分線（或表示同尺寸的記號）
——→	引導線（將線延長）	● ○ × △ ◆ ※ ★ etc.	依相同尺寸對齊紙型（不限定使用何種記號）
— — —	摺雙裁剪線 褶線	╱⁄⁄	襯布線
⊖	合併記號		
∟	直角記號		褲子的褶疊方向（由斜線高的一方朝低的一方摺疊）
○ 鈕釦　＋ 暗釦			

看懂裁布圖

本書的原寸紙型不含縫份，請依作法中的裁布圖加上縫份裁剪。

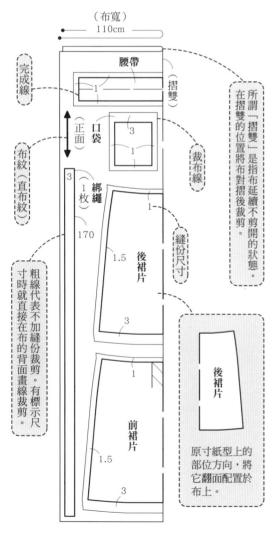

布紋方向

直紋…織布時的緯線方向。與布邊平行。

橫紋…織布時的經線方向。與布寬平行。

斜紋…與直紋成45°斜向，伸縮性最好，彎曲部位常使用斜布條收邊。

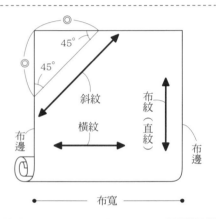

作記號的方法

兩片一起裁開時

在布之間（背面）夾入雙面複寫紙，以波浪型滾線器描畫完成線。別忘了加上合印記號與口袋接縫位置。

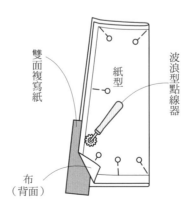

單片裁剪時

布的背面與單面複寫紙有顏色的那一面相對，以波浪型點線器描出完成線。

黏著襯的貼法

不滑動熨斗，而是以按壓方式，每次重疊一半，不留空隙的熨燙。

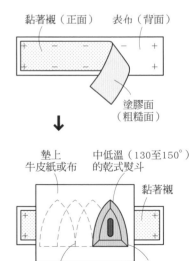

車縫

始縫與止縫都進行回針縫，
防止綻線。回針縫是於同一
針腳上重覆縫2至3次。

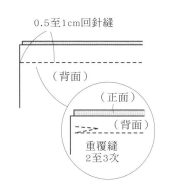

0.5至1cm回針縫
（背面）
（正面）
（背面）
重覆縫
2至3次

◆邊角的縫法

邊角若跳過一針不縫，
翻至正面時邊角會工整漂亮。

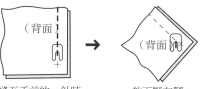

縫至手前的一針時，
維持針刺入的狀態將
壓布腳抬起，旋轉布料。

放下壓布腳，
斜縫一針

維持針刺入的狀
態將壓布腳抬起，
旋轉布料。

斜布條的作法

＊斜布條的裁剪寬度＝完成寬度×2＋0.1至0.5cm（伸縮份）。

配合紙型弧度塑形

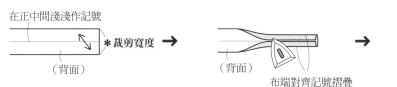
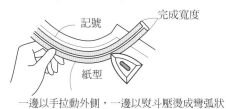

在正中間淺淺作記號
（背面）
＊裁剪寬度
布端對齊記號摺疊
（背面）

記號
完成寬度
紙型
一邊以手拉動外側，一邊以熨斗壓燙成彎弧狀

斜布條‧滾邊布的接合方式

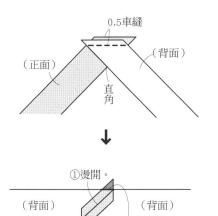

0.5車縫
（正面）
（背面）
直角

①燙開。
（背面）　（背面）
②剪掉。

鉤釦的縫法

＊接縫位置請參照作法頁

◆左後側

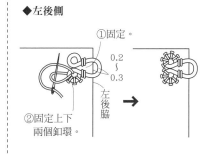

①固定。
0.2～0.3
左後脇
②固定上下
兩個釦環。

◆左前側

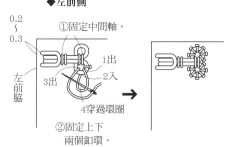

0.2～0.3
①固定中間軸。
1出
3出
2入
左前脇
4穿過環圈
②固定上下
兩個釦環。

釦洞大小

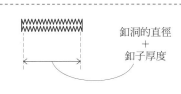

釦洞的直徑
＋
釦子厚度

暗釦縫法

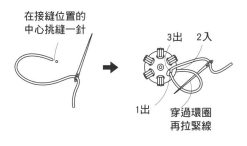

在接縫位置的
中心挑縫一針

3出　2入
1出
穿過環圈
再拉緊線

完成尺寸的標示

◆續裁腰帶部分時

總長
前面

◆無腰帶時

裙長
前面

◆接縫腰帶時
（扣除腰帶）

裙長
前面

材料	尺寸	S	M	L	LL
表布（爆裝・亞麻混紡帆布青年布） 寬145cm		190cm	190cm	200cm	200cm
鬆緊帶 寬30mm		65cm	70cm	75cm	80cm
完成尺寸 總長		75cm	79cm	81.5cm	83cm

關於紙型

＊本作品紙型為直線設計，直接在布的背面畫線後裁剪。

4 段數字
S尺寸
M尺寸
L尺寸
LL尺寸
只有1個數字表示各尺寸通用

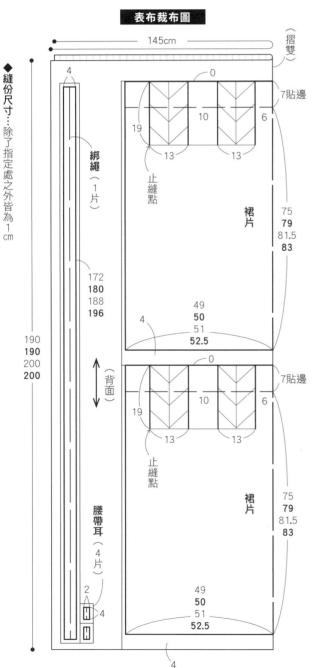

表布裁布圖

◆縫份尺寸…除了指定處之外皆為1cm

鬆緊帶長度＝（含2cm縫份）
64
68
72
78

＜綁繩穿入口位置＞

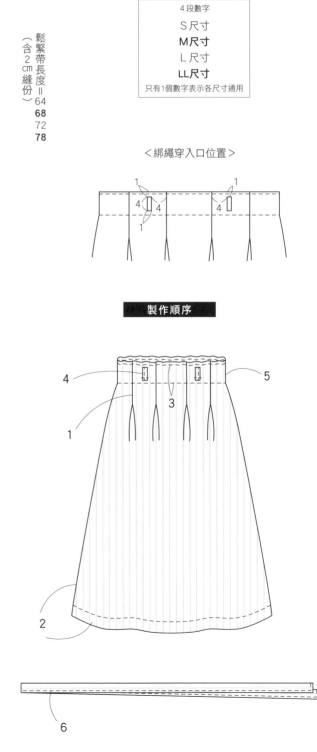

製作順序

1 車縫褶襉

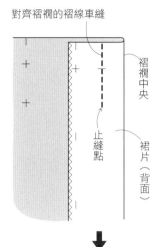

對齊褶襉的褶線車縫

褶襉中央

止縫點

裙片（背面）

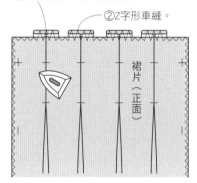

①對齊褶襉中央與褶線摺疊。

②Z字形車縫。

裙片（正面）

2 車縫脇線與下襬線

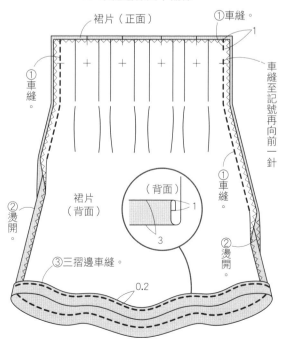

裙片（正面）

①車縫。

1

①車縫。

車縫至記號再向前一針

裙片（背面）

②燙開。

（背面）

1

①車縫。

②燙開。

③三摺邊車縫。

3

0.2

3 車縫腰圍

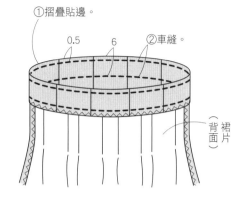

①摺疊貼邊。

0.5　　6

②車縫。

裙片（背面）

4 製作腰帶耳並接縫

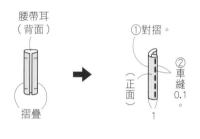

腰帶耳（背面）

①對摺。

②車縫0.1。

正面

1

摺疊

腰帶耳（正面）

1

車縫

裙片（正面）

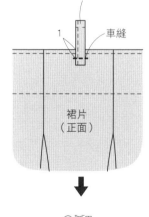

①摺疊。

裙片（正面）

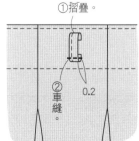

②車縫。

0.2

5 穿入鬆緊帶

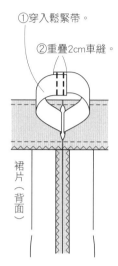

①穿入鬆緊帶。

②重疊2cm車縫。

裙片（背面）

6 製作綁繩

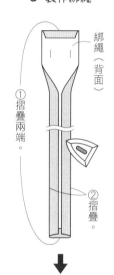

綁繩（背面）

①摺疊兩端。

②摺疊。

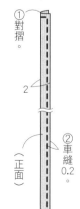

①對摺。

2

正面

②車縫0.2。

完成

材料	尺寸	S	M	L	LL
表布（高密度棉布）	寬150cm	180cm	190cm	190cm	200cm
黏著襯（FV-2N）	寬10cm	70cm	70cm	80cm	80cm
內層用鈕釦	直徑13mm	1顆	1顆	1顆	1顆
暗釦	直徑13mm	1組	1組	1組	1組
完成尺寸	總長	62cm	65cm	67.5cm	69cm

4段數字
S尺寸
M尺寸
L尺寸
LL尺寸
只有1個數字表示各尺寸通用

關於紙型

＊本作品紙型為直線設計，直接在布的背面畫線後裁剪。

＊右前與左前的裁法不同，請注意。

表布裁布圖　　※裁布圖是從背面看各部位時的尺寸標示。

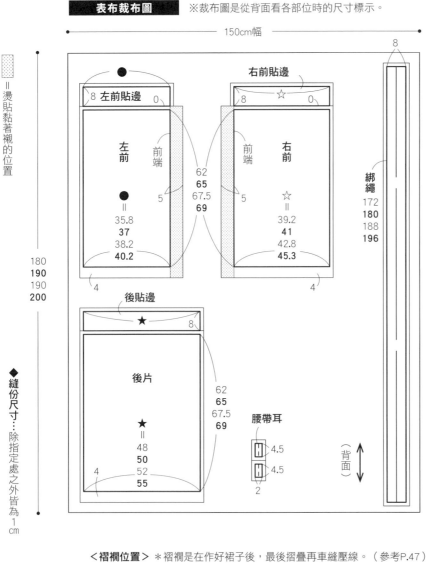

= 燙貼黏著襯的位置

◆縫份尺寸…除指定處之外皆為1cm

＊綁繩作法＊

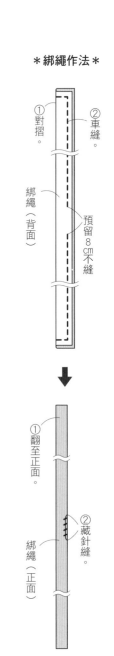

＜褶襉位置＞ ＊褶襉是在作好裙子後，最後摺疊再車縫壓線。（參考P.47）

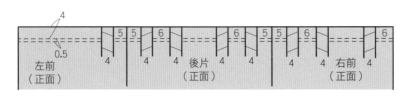

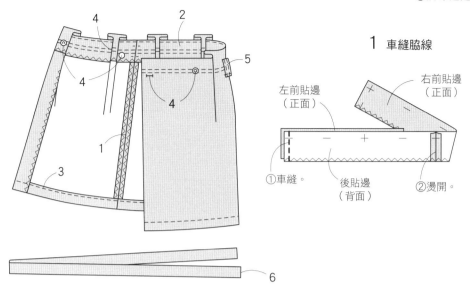

1 車縫脇線

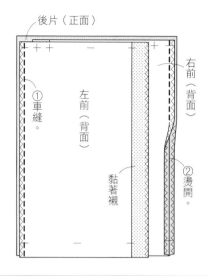

2 接縫貼邊

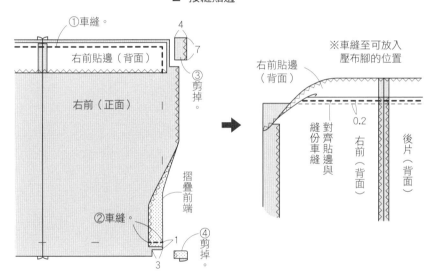

3 車縫下襬線

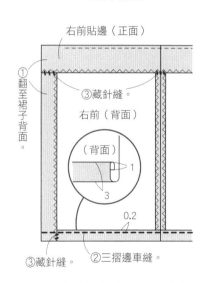

4 車縫褶襉並縫上鈕釦與暗釦

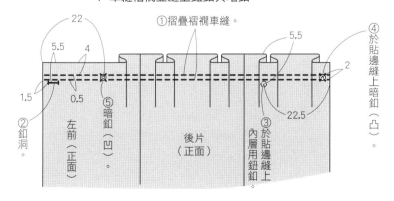

5 製作腰帶耳（參考P.45）

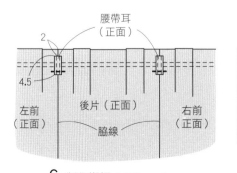

6 製作綁繩（參考P.46）

完成

材料	尺寸	S	M	L	LL
表布（麻質印花布）	寬110cm	220cm	230cm	240cm	250cm
隱形拉鍊	22cm	1條	1條	1條	1條
鉤釦		1組	1組	1組	1組
完成寸法	裙長	68.5cm	72cm	74.5cm	76cm
	腰圍	64cm	68cm	72cm	78cm

關於紙型 複寫B面3使用。

◆使用部位：前・後片

＊複寫原寸紙型時，是在左右展開狀態下複寫。

＊滾邊布為直線設計，直接在布的背面畫線後裁剪。

4段數字
S尺寸
M尺寸
L尺寸
LL尺寸
只有1個數字表示各尺寸通用

＝紙型

表布裁布圖

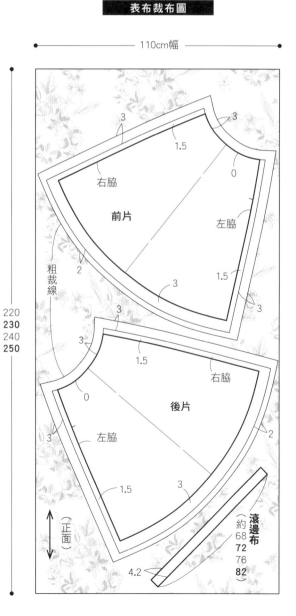

製作順序

48

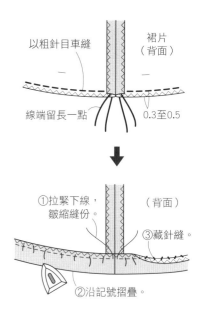

❶ 將粗裁的裙片吊在衣架，利用布的重量自然伸展。

下半身用衣架

墊上多餘的布再夾

粗裁的裙片（背面）

❷ 放置紙型重新裁剪。

重新裁剪

珠針

紙型

正面

作法

◆準備◆

①如右圖將粗裁的裙片吊在衣架進行布片處理。

②於布邊進行Z字形車縫（脇線·下襬線）。

1 車縫左脇線
　並接縫隱形拉鍊
　（參考P.34）

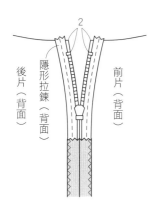

2

後片（背面）

隱形拉鍊（背面）

前片（背面）

2 車縫右脇線

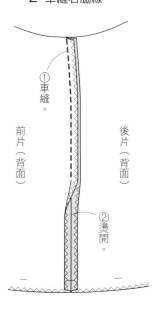

①車縫。

前片（背面）

後片（背面）

②燙開。

3 腰圍進行滾邊

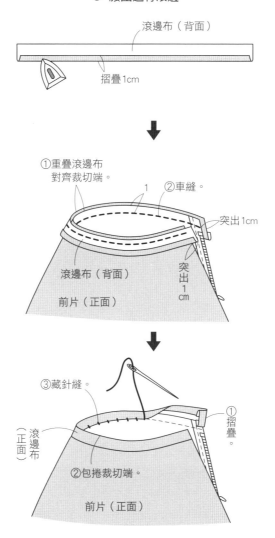

滾邊布（背面）

摺疊1cm

①重疊滾邊布對齊裁切端。

1

②車縫。

突出1cm

滾邊布（背面）

前片（正面）

突出1cm

③藏針縫。

滾邊布（正面）

②包捲裁切端。

①摺疊。

前片（正面）

4 下襬線藏針縫（參考P.40）

以粗針目車縫

裙片（背面）

線端留長一點

0.3至0.5

①拉緊下線，皺縮縫份。

（背面）

③藏針縫。

②沿記號摺疊。

5 縫上鉤釦
　（參考P.43）

左脇線

後片（背面）

0.2

0.3

前片（背面）

完成

材料	尺寸	S	M	L	LL
表布（人造棉織物）	寬148cm	170cm	180cm	190cm	200cm
隱形拉鍊	22cm	1條	1條	1條	1條
鉤釦		1組	1組	1組	1組
完成寸法	裙長	68.5cm	72cm	74.5cm	76cm
	腰圍	64cm	68cm	72cm	78cm

關於紙型　複寫B面3使用。

◆使用部位：前・後片

＊滾邊布為直線設計，直接在布的背面畫線裁剪。

◆紙型修改方式

＊延長脇線，下襬線重畫成水平直線。

4段數字
S尺寸
M尺寸
L尺寸
LL尺寸
只有1個數字表示各尺寸通用

＝紙型

鉤釦（僅限左側）

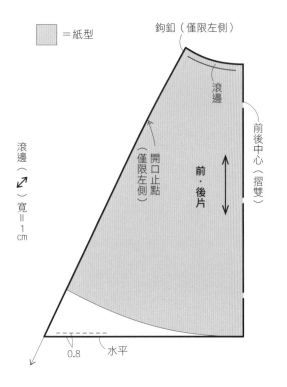

滾邊

滾邊（↗）寬＝1cm

開口止點（僅限左側）

前・後片

前後中心（摺雙）

0.8　水平

表布裁布圖

＊滾邊布預留長一點，再配合接縫尺寸剪去多餘部分。

148cm

（摺雙）

（正面）

4.2

1.5

前片

滾邊布（約68 **72** 76 **82**）

2

1

170 **180** 190 **200**

0

1.5

後片

2

1

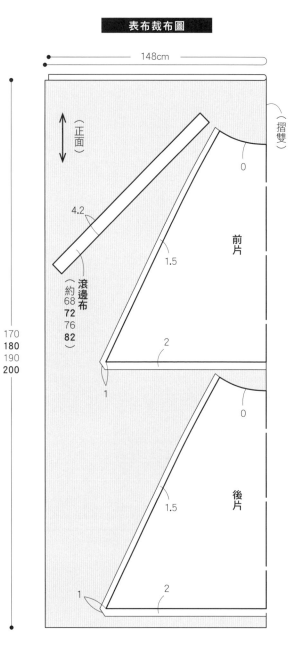

製作順序

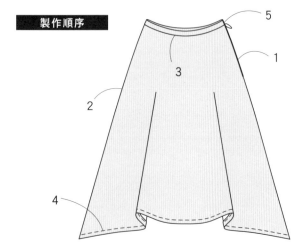

5

1

3

2

4

作法　◆準備◆於布邊進行Z字形車縫（脇線）。

1 車縫左脇線並接縫隱形拉鍊（參考P.34）

2 車縫右脇線

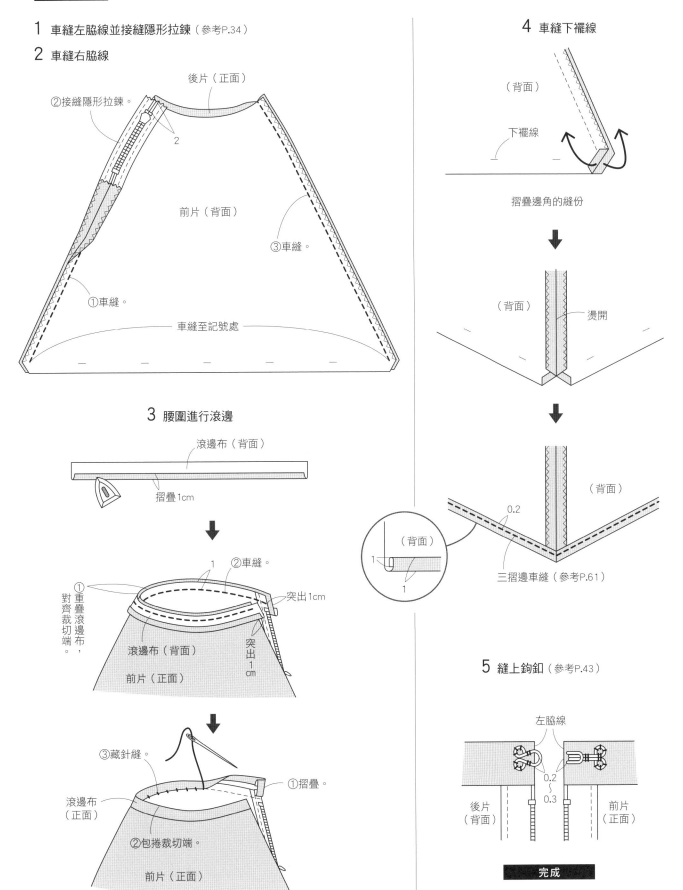

②接縫隱形拉鍊。

後片（正面）

2

③車縫。

前片（背面）

①車縫。

車縫至記號處

3 腰圍進行滾邊

滾邊布（背面）

摺疊1cm

①重疊滾邊布，對齊裁切端。

②車縫。

突出1cm

滾邊布（背面）

前片（正面）

突出1cm

③藏針縫。

①摺疊。

滾邊布（正面）

②包捲裁切端。

前片（正面）

4 車縫下襬線

（背面）

下襬線

摺疊邊角的縫份

（背面）

燙開

（背面）

0.2

（背面）

1

1

三摺邊車縫（參考P.61）

5 縫上鉤釦（參考P.43）

左脇線

0.2

0.3

後片（背面）

前片（正面）

完成

材料	尺寸	S	M	L	LL
表布（法國棉紗）	寬110cm	220cm	230cm	240cm	250cm
鬆緊帶	寬30mm	65cm	70cm	75cm	80cm
完成尺寸	裙長	79cm	83cm	86cm	88cm

關於紙型

＊本作品紙型為直線設計，直接在布的背面畫線後裁剪。

◆縫份尺寸…除指定處之外皆為1cm

4段數字
S尺寸
M尺寸
L尺寸
LL尺寸
只有1個數字表示各尺寸通用

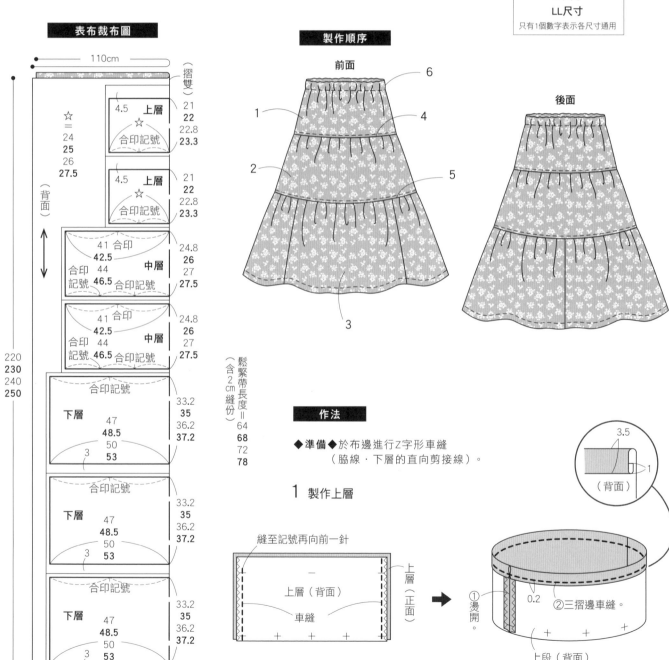

2 製作中層

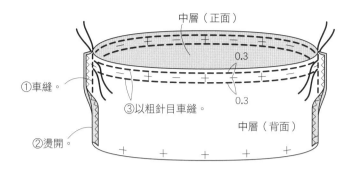

中層（正面）

①車縫。

②燙開。

0.3

0.3

③以粗針目車縫。

中層（背面）

3 製作下層

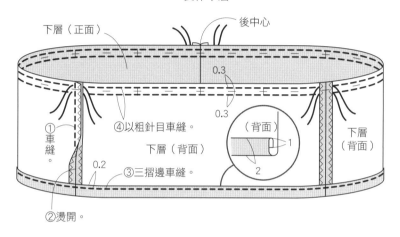

下層（正面）　　後中心

0.3

0.3

①車縫。

④以粗針目車縫。

下層（背面）

下層（背面）

（背面）

1

2

0.2

③三摺邊車縫。

②燙開。

下層（背面）

4 縫合上層與中層

以珠針固定脇線、中心、合印記號

❶

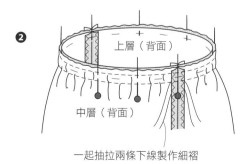

上層（背面）

中層（背面）

❷

上層（背面）

中層（背面）

一起抽拉兩條下線製作細褶

❸

①車縫。

②兩條一起進行Z字形車縫。

上層（背面）

中層（背面）

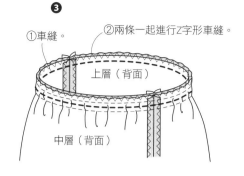

❹

①縫份倒向上方。

0.5

②車縫。

上層（正面）

中層（正面）

③拆掉裙側的粗針目縫線。

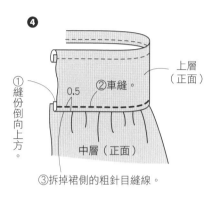

5 中層與下層比照步驟4縫合

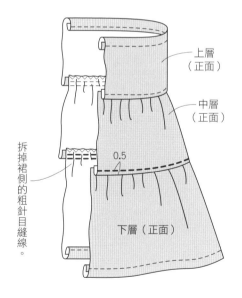

上層（正面）

中層（正面）

拆掉裙側的粗針目縫線。

0.5

下層（正面）

6 穿入鬆緊帶

①穿入鬆緊帶。

②重疊2cm車縫。

（背面）

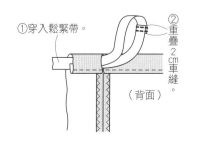

完成

材料	尺寸	S	M	L	LL
表布（細棉麻法國蕾絲布）	寬98cm	240cm	250cm	260cm	270cm
裡布	寬110cm	140cm	140cm	150cm	150cm
鬆緊帶	寬30mm	65cm	70cm	75cm	80cm
完成寸法	總長	69.5cm	73cm	75.5cm	77cm

4段數字
S尺寸
M尺寸
L尺寸
LL尺寸
只有1個數字表示各尺寸通用

關於紙型

＊本作品紙型為直線設計，直接在布的背面畫線後裁剪。

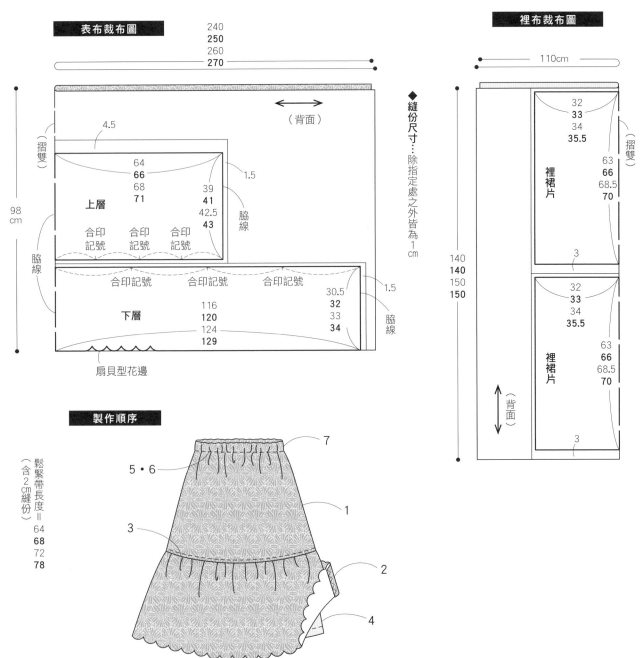

表布裁布圖

240
250
260
270

（背面）

4.5

（摺雙）

64
66
68
71

上層

1.5

39
41
42.5
43

脅線

合印記號　合印記號　合印記號

合印記號　　合印記號　　合印記號

30.5
32
33
34

1.5

脅線

下層

116
120
124
129

扇貝型花邊

98 cm

脅線

◆縫份尺寸…除指定處之外皆為1cm

裡布裁布圖

110cm

（摺雙）

32
33
34
35.5

裡裙片

63
66
68.5
70

3

32
33
34
35.5

裡裙片

63
66
68.5
70

3

140
140
150
150

（背面）

製作順序

鬆緊帶長度＝（含2cm縫份）
64
68
72
78

7

5・6

1

3

2

4

◆準備◆於布邊進行Z字形車縫（表布脇線）。

1 車縫上層

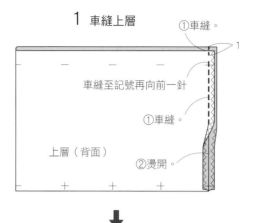

①車縫。

車縫至記號再向前一針

①車縫。

上層（背面）

②燙開。

在腰圍燙壓褶痕

上層（正面）

2 車縫下層

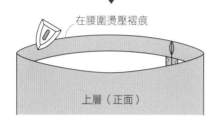

③以粗針目車縫。

0.3

0.3

（正面）

①車縫。

②燙開。

脇邊

下層（背面）

3 縫合上層＆下層（參考P.53）

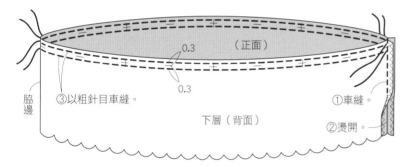

①以珠針固定上層與下層的合印記號後抽細褶。

②車縫。

③兩片一起進行Z字形車縫。

上層（背面）

下層（背面）

上層（正面）

②車縫。

0.5

①縫份倒向上側。

③拆掉裙側的粗針目縫線。

下層（正面）

4 製作裡裙

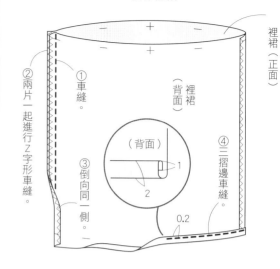

裡裙（正面）

②兩片一起進行Z字形車縫。

①車縫。

③倒向同一側。

裡裙（背面）

（背面）

1

2

④三摺邊車縫。

0.2

5 縫合表裙與裡裙

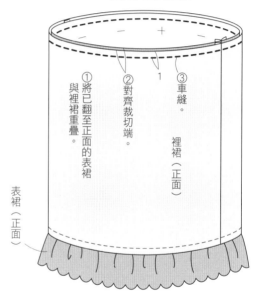

1

①將已翻至正面的表裙與裡裙重疊。

②對齊裁切端。

③車縫。

裡裙（正面）

表裙（正面）

6 車縫腰圍

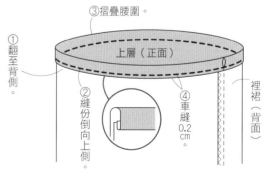

③摺疊腰圍。

上層（正面）

①翻至背側。

②縫份倒向上側。

④車縫0.2cm。

裡裙（背面）

7 穿入鬆緊帶（參考P.53）

材料	尺寸	S	M	L	LL
表布（棉・麻混紡平織布）	寬98cm	320cm	340cm	350cm	360cm
鬆緊帶	寬30mm	65cm	70cm	75cm	80cm
完成尺寸	裙長	60cm	63cm	65.5cm	67cm

關於紙型 複寫A面7使用。

◆使用部位：腰帶／腰圍

＊裙子紙型為直線設計，直接在布的背面畫線後裁剪。
　腰圍複寫紙型使用。

4段數字
S尺寸
M尺寸
L尺寸
LL尺寸
只有1個數字表示各尺寸通用

▨ ＝紙型

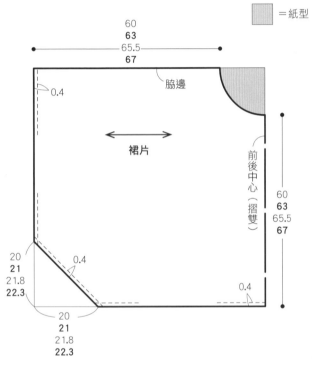

裙片
前後中心（摺雙）
脇邊

60 / **63** / 65.5 / **67**

0.4

20 / **21** / 21.8 / **22.3**

20 / **21** / 21.8 / **22.3**

0.4

0.4

鬆緊帶長度＝（含2cm縫份）
64 / **68** / 72 / **78**

60 / **63** / 65.5 / **67**

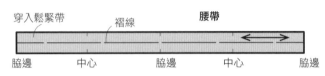

穿入鬆緊帶　褶線　**腰帶**

脇邊　中心　脇邊　中心　脇邊

表布裁布圖

98cm

（摺雙）

腰帶

裙片

320 / **340** / 350 / **360**

裙片

（背面）

（摺雙）

製作順序

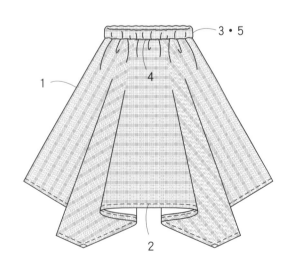

3・5
4
1
2

◆縫份尺寸…除指定處之外皆為1cm

1 車縫脇線

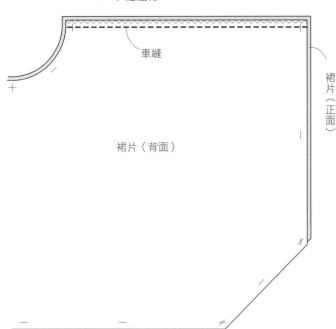

車縫

裙片（正面）

裙片（背面）

2 車縫下襬線

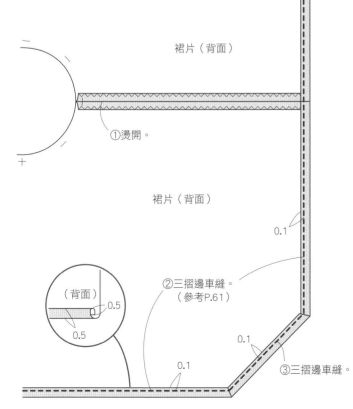

裙片（背面）

①燙開。

裙片（背面）

裙片（背面）

0.1

（背面）
0.5
0.5

②三摺邊車縫。
（參考P.61）

0.1

③三摺邊車縫。

0.1

3 製作腰帶

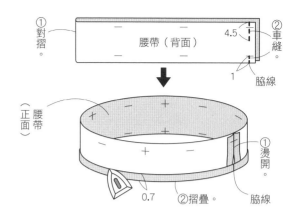

①對摺。

腰帶（背面）

4.5

②車縫。

1

脇線

正面腰帶

①燙開。

0.7

②摺疊。

脇線

4 接縫腰帶

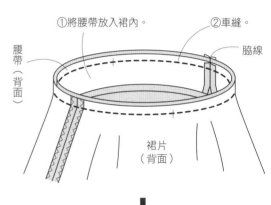

①將腰帶放入裙內。

②車縫。

脇線

腰帶（背面）

裙片（背面）

0.3

裙片（背面）

②於縫線旁進行落針縫。

正面腰帶

裙片（背面）

①摺疊褶線。

5 穿入鬆緊帶

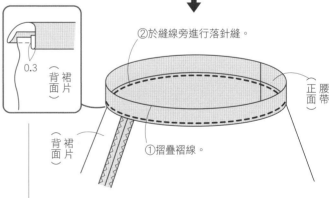

②重疊2cm車縫。

①穿入鬆緊帶。

裙片（背面）

腰帶（正面）

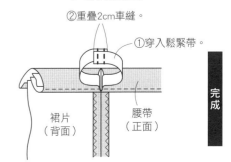

完成

57

材料	尺寸	S	M	L	LL
表布（Standard Linen）	寬140cm	280cm	290cm	300cm	310cm
黏著襯（FV-2N）	寬15cm	40cm	40cm	40cm	50cm
鬆緊帶	寬40mm	35cm	35cm	40cm	40cm
釦環	內徑40mm	1個	1個	1個	1個
完成尺寸	裙長	74cm	78cm	80.5cm	82cm

4段數字
S尺寸
M尺寸
L尺寸
LL尺寸
只有1個數字表示各尺寸通用

關於紙型　複寫A面12／B面3‧10使用。

◆使用部位：12腰帶／3前片／10後片

＊複寫3前片時，是在左右展開狀態下裁剪。

＊腰封紙型為直線設計，直接在布的背面畫線後裁剪。

◆紙型修改方法

＊後片是加長裙片的長度並加大寬度。

＊前片是加長至與後脇等長的裙子長度，且前端重新畫線。

◆縫份尺寸…除指定處之外皆為1cm

▨＝燙貼黏著襯位置

□＝紙型

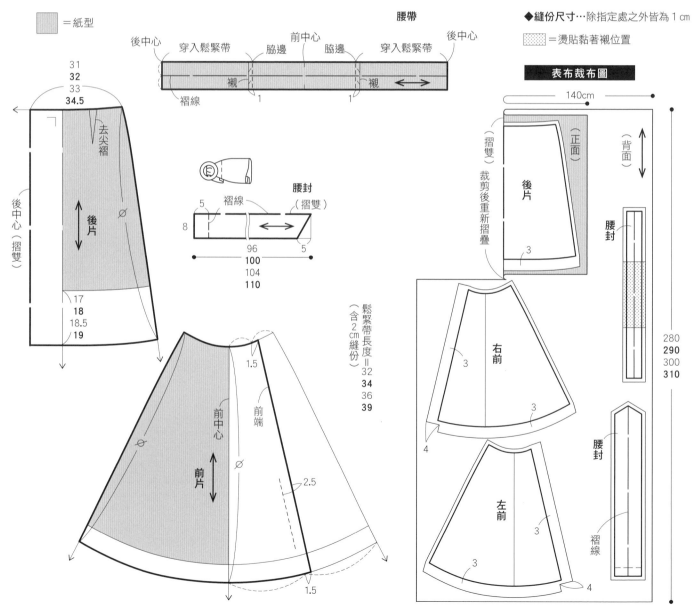

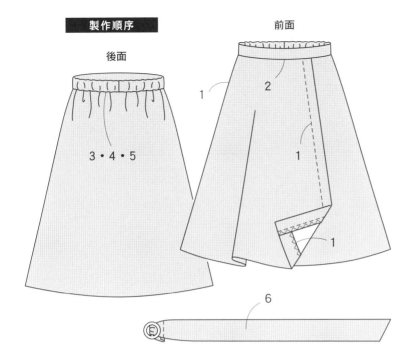

製作順序

後面

前面

3・4・5

1

2

1

1

6

作法

◆ **準備** ◆ ①燙貼黏著襯（腰帶）。
②於布邊進行Z字形車縫。
（脇線・下襬線・前端）

1 車縫脇線・下襬線・前端
（下襬以藏針縫處理，請參照P.49）

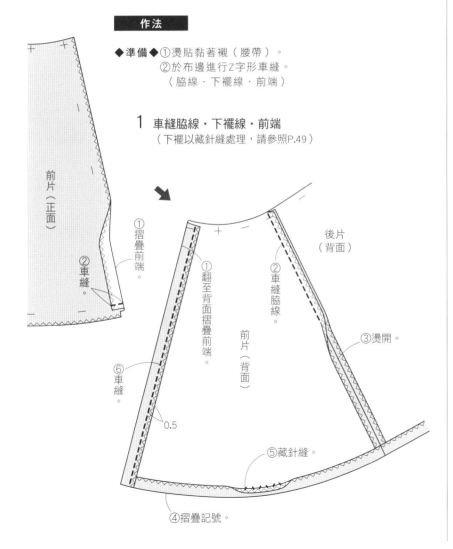

前片（正面）

①摺疊前端。

②車縫。

①翻至背面摺疊前端。

②車縫脇線。

後片（背面）

③燙開。

前片（背面）

⑥車縫。

0.5

⑤藏針縫。

④摺疊記號。

2 重疊右前・左前車合固定

對齊前中心重疊，沿記號邊車縫

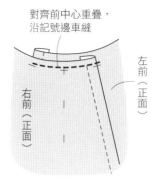

右前（正面）

左前（正面）

◆3至5的作法參考P.38・P.39

3 製作腰帶

4 接縫腰帶

5 穿入鬆緊帶

左前（背面）

腰帶（正面）

後片（正面）

6 製作腰封

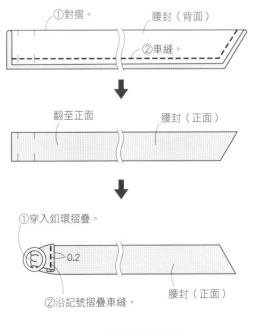

①對摺。

腰封（背面）

②車縫。

翻至正面

腰封（正面）

①穿入釦環摺疊。

0.2

②沿記號摺疊車縫。

腰封（正面）

完成

材料	尺寸	S	M	L	LL
表布（棉混紡聚酯纖維）	寬112cm	320cm	330cm	340cm	350cm
鬆緊帶	寬40mm	65cm	70cm	75cm	80cm
完成尺寸	裙長	72.5cm	76cm	78.5cm	80cm

4段數字
S尺寸
M尺寸
L尺寸
LL尺寸
只有1個數字表示各尺寸通用

關於紙型 複寫B面9使用。

◆使用部位：裙片／腰帶

☐ ＝紙型

表布裁布圖

◆縫份尺寸…除指定處之外皆為1cm

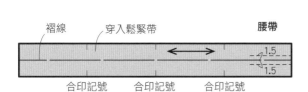

褶線　穿入鬆緊帶　　　　　　**腰帶**

1.5
1.5

合印記號　　合印記號　　合印記號

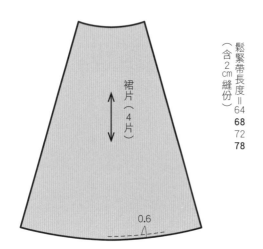

裙片（4片）

鬆緊帶長度＝64（含2cm縫份）
68
72
78

0.6

112cm

（正面）

裙片　1.5

裙片　1.5

320
330
340
350

裙片　1.5

腰帶

裙片　1.5

裙片　1.5

製作順序

3・5
4
1
1
2

1 縫合四片裙片

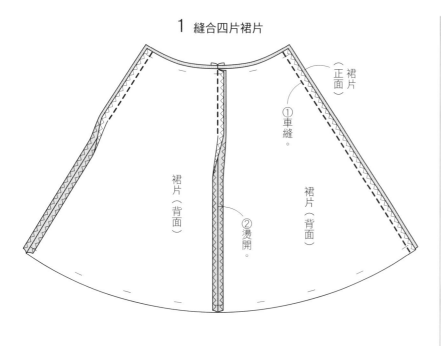

裙片（正面）

①車縫。

②燙開。

裙片（背面）

裙片（背面）

2 車縫下襬線

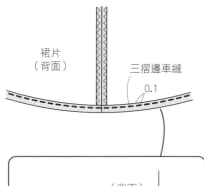

裙片（背面）

三摺邊車縫

0.1

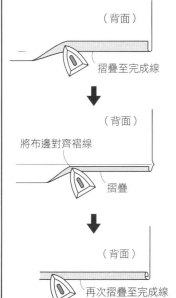

（背面）

摺疊至完成線

（背面）

將布邊對齊褶線

摺疊

（背面）

再次摺疊至完成線

3 製作腰帶

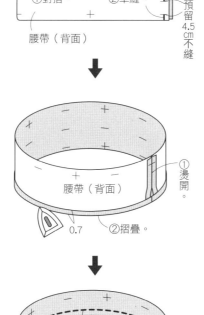

①對摺。　②車縫。

腰帶（背面）

預留4.5㎝不縫

①燙開。

腰帶（背面）

0.7　②摺疊。

1.5　②車縫。

①摺疊褶線。

腰帶（正面）

4 接縫腰帶

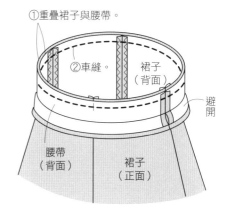

①重疊裙子與腰帶。

②車縫。

裙子（背面）

避開

腰帶（背面）

裙子（正面）

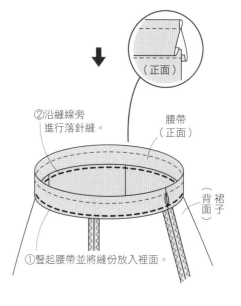

（正面）

②沿縫線旁進行落針縫。

腰帶（正面）

腰帶（背面）

裙子（背面）

①豎起腰帶並將縫份放入裡面。

5 穿入鬆緊帶

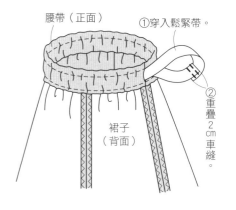

腰帶（正面）

①穿入鬆緊帶。

②重疊2㎝車縫。

裙子（背面）

完成

材料	尺寸	S	M	L	LL
表布（法國亞麻帆布）	寬130cm	220cm	230cm	240cm	250cm
黏著襯（FV-2N）	寬15cm	40cm	40cm	40cm	50cm
鬆緊帶	寬40mm	35cm	35cm	40cm	40cm
完成尺寸	裙長（前中心）	58cm	61cm	63.5cm	65cm

關於紙型 複寫A面12使用。

◆使用部位：右前／左前／後方／腰帶

☐ ＝紙型

4段數字
S尺寸
M尺寸
L尺寸
LL尺寸
只有1個數字表示各尺寸通用

◆縫份尺寸…除指定處之外皆為1cm

▨ ＝燙貼黏著襯位置

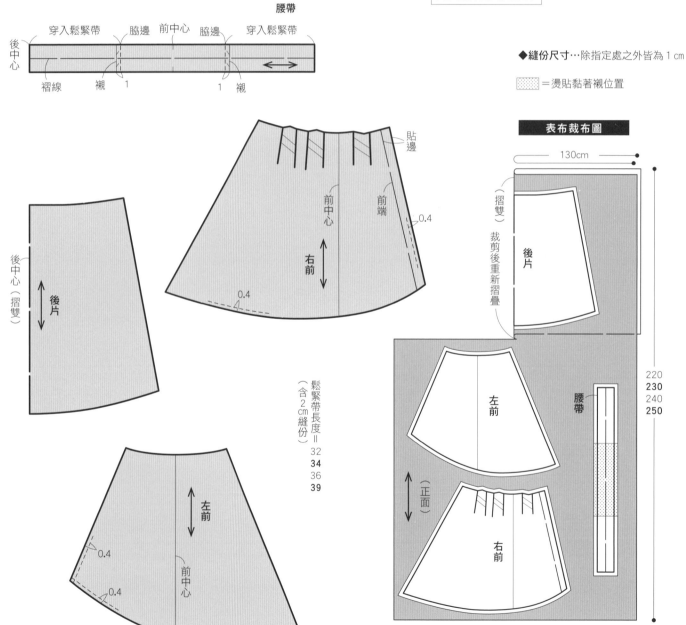

後面　　　　　　　　　　前面

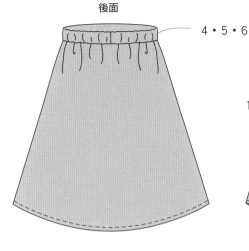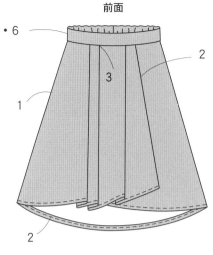

4・5・6

3

1

2

2

作法

◆準備◆①燙貼黏著襯。
　　　　（腰帶）
　　　　②於布邊進行Z字形車縫
　　　　（脇線）。

1 車縫脇線

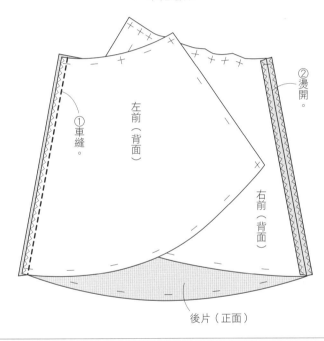

①車縫。

左前（背面）

右前（背面）

②燙開。

後片（正面）

2 車縫下襬線與貼邊端
（參考P.61）

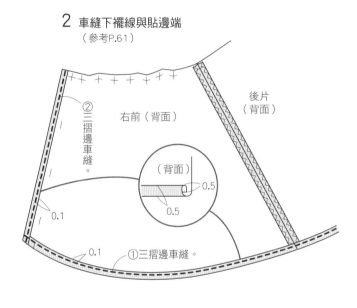

②三摺邊車縫。

右前（背面）

後片（背面）

（背面）

0.5

0.5

0.1

0.1

①三摺邊車縫。

3 摺疊褶襇並車縫固定右前與左前

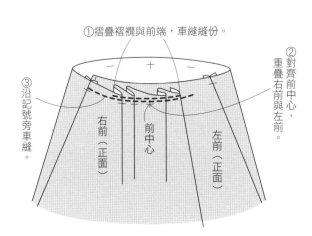

①摺疊褶襇與前端，車縫縫份。

②對齊前中心，重疊右前與左前。

③沿記號旁車縫。

右前（正面）

前中心

左前（正面）

4 製作腰帶（參考P.38）

5 接縫腰帶（參考P.38）

6 穿入鬆緊帶（參考P.39）

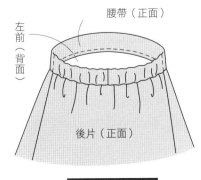

腰帶（正面）

左前（背面）

後片（正面）

完成

材料	尺寸	S	M	L	LL
表布（Polyester Ottoman）	寬110cm	160cm	170cm	180cm	190cm
接着芯（FV-2N）	寬112cm	20cm	20cm	20cm	20cm
隱形拉鍊	22cm	1條	1條	1條	1條
鉤釦		1組	1組	1組	1組
完成尺寸	裙長	62cm	65cm	67.5cm	69cm
	腰圍	68cm	72cm	76cm	82cm

關於紙型 複寫A面13使用。

◆使用部位：剪接

＊複寫原寸紙型時，是在左右展開狀態下複寫。

＊前·後裙片紙型為直線設計，直接在布的背面畫線裁剪。

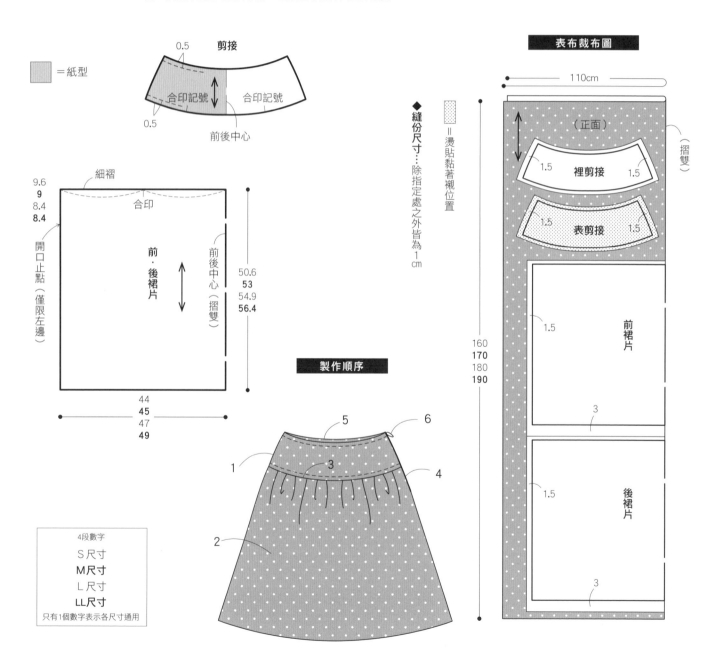

◆準備◆①燙貼黏著襯（表剪接）。
②於布邊進行Z字形車縫
（脇線・下襬線）。

1 車縫剪接右脇線

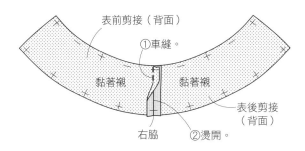

表前剪接（背面）
①車縫。
黏著襯　黏著襯
表後剪接（背面）
右脇
②燙開。

裡後剪接（背面）
①車縫。
裡前剪接（背面）
③Z字形車縫。
右脇
②燙開。

2 製作裙子

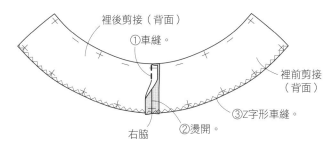

後裙片（正面）　0.3
0.3
①以粗針目車縫。
②車縫。
開口止點
②車縫。
前裙片（背面）
③燙開縫份。
⑤藏針縫。
④摺疊至記號處。

3 縫合表剪接與裙片

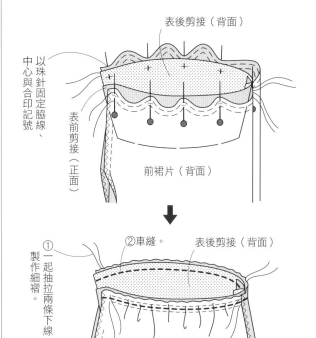

表後剪接（背面）
以珠針固定脇線、中心與合印記號
表前剪接（正面）
前裙片（背面）

①一起抽拉兩條下線，製作細褶。

②車縫。
表後剪接（背面）
前裙片（背面）

4 接縫隱形拉鍊（參考P.34）

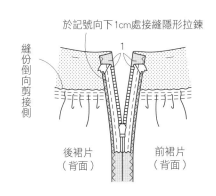

於記號向下1cm處接縫隱形拉鍊
1
縫份倒向剪接側
後裙片（背面）　前裙片（背面）

5 縫合裡剪接

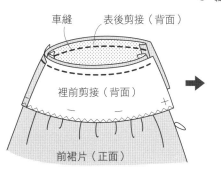

車縫　表後剪接（背面）
裡前剪接（背面）
前裙片（正面）

④拆掉裙側的粗針目縫線。

①裡剪接翻至背面。
表前剪接（正面）
0.5
③車縫
②摺入縫份進行藏針縫。
前裙片（正面）

6 縫上鉤釦（參考P.43）

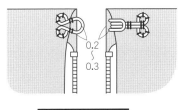

〈左後背面側〉　〈左前背面側〉
0.2
0.3

完成

材料	尺寸	S	M	L	LL
表布（斜紋棉布）	寬112cm	180cm	190cm	200cm	210cm
黏著襯（FV-2N）	寬112cm	30cm	30cm	40cm	40cm
隱形拉鍊	22cm	1條	1條	1條	1條
鉤釦		1組	1組	1組	1組
完成尺寸	總長（前中心）	72.5cm	76cm	78.5cm	80cm
	腰圍	66cm	70cm	74cm	80cm
	臀圍	96cm	98cm	102cm	106cm

4段數字
S尺寸
M尺寸
L尺寸
LL尺寸
只有1個數字表示各尺寸通用

關於紙型 複寫A面14使用。

◆使用部位：前片／右後／左後／前貼邊／後貼邊／口袋蓋／口袋

＊複寫原寸紙型時，左後與右後各自複寫。

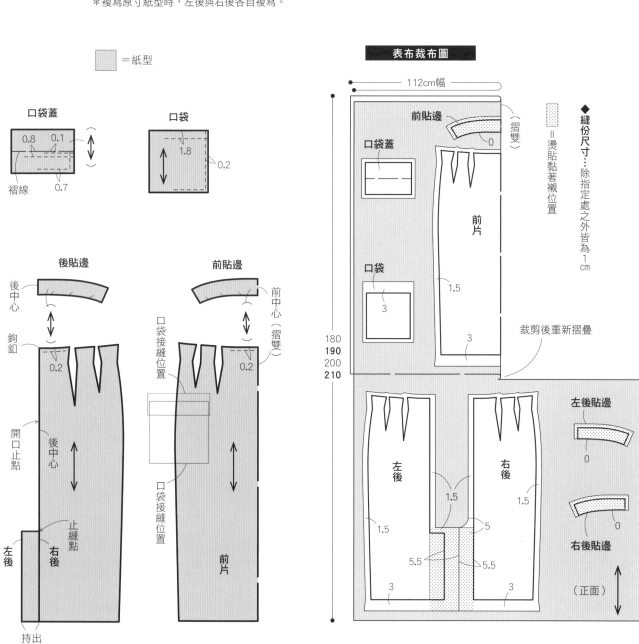

製作順序

前面　　　　　　　　後面

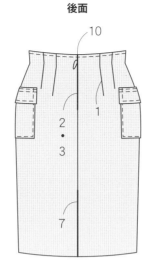

作法　　◆準備◆①燙貼黏著襯（貼邊·開叉）。
②於布邊進行Z字形車縫
（貼邊·脇線·下襬線·後中心）。

1 車縫尖褶（參考P.40）

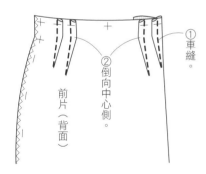

①車縫。
②倒向中心側。
前片（背面）

2 車縫後中心

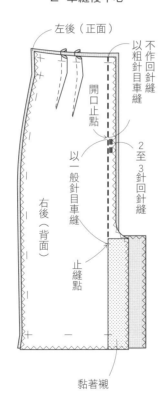

左後（正面）
不作回針縫
以粗針目車縫
開口止點
2至3針目回針縫
以一般針目車縫
右後（背面）
止縫點
黏著襯

3 接縫隱形拉鍊
（參考P.34）

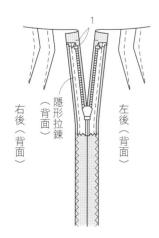

右後（背面）
隱形拉鍊（背面）
左後（背面）

4 車縫裙子的脇線

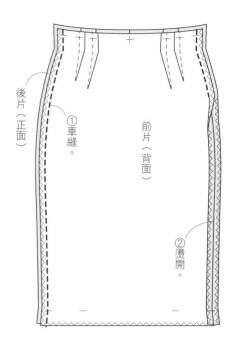

後片（正面）
①車縫。
前片（背面）
②燙開。

5 車縫貼邊的脇線

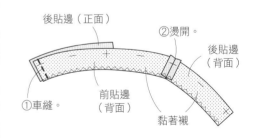

後貼邊（正面）
②燙開。
後貼邊（背面）
①車縫。
前貼邊（背面）
黏著襯

6 接縫貼邊

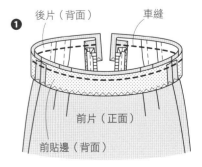

❶
後片（背面）　　車縫
前片（正面）
前貼邊（背面）

67

❷

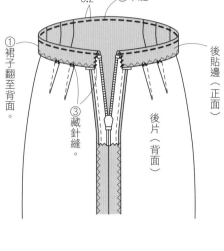

0.2
②車縫。
①裙子翻至背面。
③藏針縫。
後貼邊（正面）
後片（背面）

7 製作開叉

❶

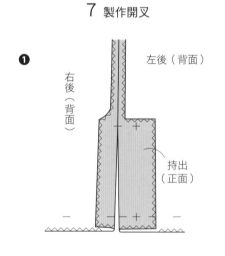

左後（背面）
右後（背面）
持出（正面）

❷

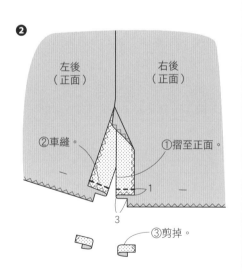

左後（正面）
右後（正面）
②車縫。
①摺至正面。
1
3
③剪掉。

❸

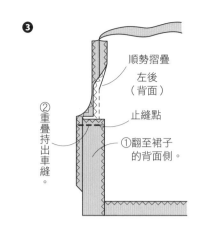

順勢摺疊
左後（背面）
止縫點
②重疊持出車縫。
①翻至裙子的背面側。

❹

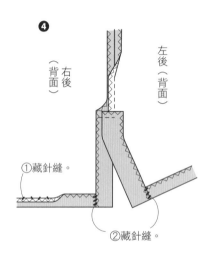

右後（背面）
左後（背面）
①藏針縫。
②藏針縫。

8 製作口袋並接縫

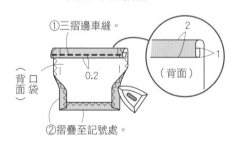

①三摺邊車縫。
2
（背面）
1
口袋（背面）
0.2
②摺疊至記號處。

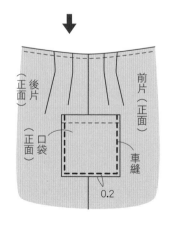

後片（正面）
前片（正面）
口袋（正面）
車縫
0.2

9 製作口袋蓋並接縫

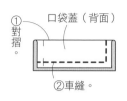

①對摺。
口袋蓋（背面）
②車縫。

②縫份摺入裡面進行藏針縫。
①翻至正面。
口袋蓋（正面）
0.7
③車縫。

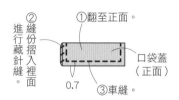

0.1
0.8
前片（正面）
口袋（正面）
車縫
口袋蓋（正面）

10 縫上鉤釦
（參考P.43）

＜右後背面側＞　＜左後背面側＞

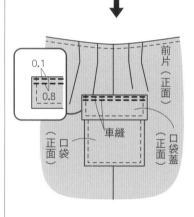

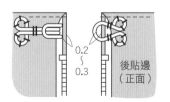

0.2〜0.3
後貼邊（正面）

完成

材料	尺寸	S	M	L	LL
表布（棉厚織sleek）	寬120cm	190cm	200cm	210cm	220cm
黏著襯（FV-2N）	寬112cm	30cm	30cm	40cm	40cm
隱形拉鍊	22cm	1條	1條	1條	1條
鉤釦		1組	1組	1組	1組
完成尺寸	裙長	68.5cm	72cm	74.5cm	76cm
	腰圍	66cm	70cm	74cm	80cm
	臀圍	96cm	98cm	102cm	106cm

4段數字
S尺寸
M尺寸
L尺寸
LL尺寸
只有1個數字表示各尺寸通用

關於紙型　複寫B面16使用。

◆使用部位：左前／後片／左前貼邊A／後貼邊

◆紙型的調整方式

＊將後中心當成拉鍊開口，加上開叉。
　製作紙型時，右後與左後分開製作。

＊將前中心當成摺雙。

▨ ＝紙型

表布裁布圖

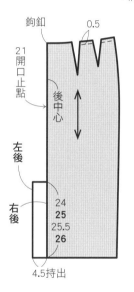

鉤釦
0.5
21開口止點
後中心
左後
右後
24
25
25.5
26
4.5持出

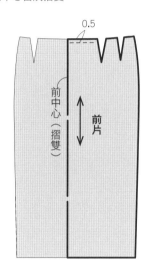

0.5
前中心（摺雙）
前片

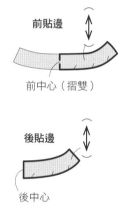

前貼邊
前中心（摺雙）
後貼邊
後中心

◆縫份尺寸…除指定處之外皆為1cm

▨ ＝燙貼黏著襯位置

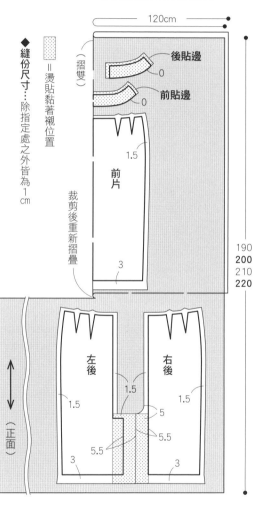

120cm
（摺雙）
後貼邊　0
前貼邊　0
1.5
前片
3
裁剪後重新摺疊
190
200
210
220
（正面）
左後
右後
1.5
1.5
1.5
5
5.5
5.5
3
3

製作順序

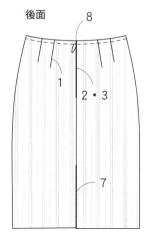

後面
8
1
2・3
7

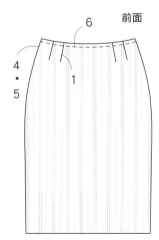

6　前面
4・5
1
5

1　車縫尖褶（參考P.40）
2　車縫後中心（參考P.67）
3　接縫隱形拉鍊（參考P.34）
4　車縫裙子脇線（參考P.67）
5　車縫貼邊脇線（參考P.67）
6　接縫貼邊（參考P.67）
7　製作開叉（參考P.68）
8　縫上鉤釦（參考P.43）

材料	尺寸	S	M	L	LL
10表布（法國亞麻帆布）	寬130cm	150cm	160cm	170cm	180cm
11表布（爆縈・亞麻帆布混紡青年布）	寬145cm	170cm	180cm	190cm	200cm
黏著襯（FV-2N）	寬112cm	30cm	30cm	30cm	30cm
鈕釦	直徑25mm	1顆	1顆	1顆	1顆
內層用鈕釦	直徑15mm	1顆	1顆	1顆	1顆
完成尺寸	10裙長	57cm	60cm	62cm	63cm
	11裙長	66.5cm	70cm	72.5cm	73.5cm

關於紙型 　複寫B面10・11使用。

◆**使用部位**：前片／後片／前貼邊／後貼邊

＊前貼邊是將紙型翻面配置。

= 紙型

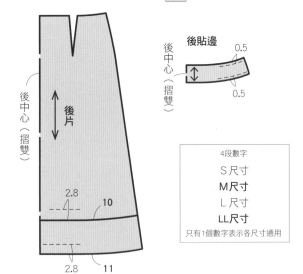

4段數字
S尺寸
M尺寸
L尺寸
LL尺寸
只有1個數字表示各尺寸通用

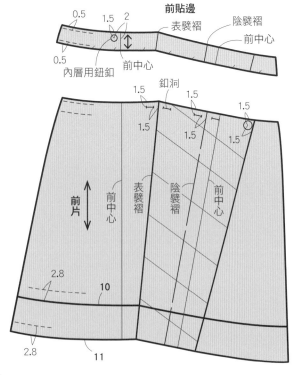

表布裁布圖　（通用）

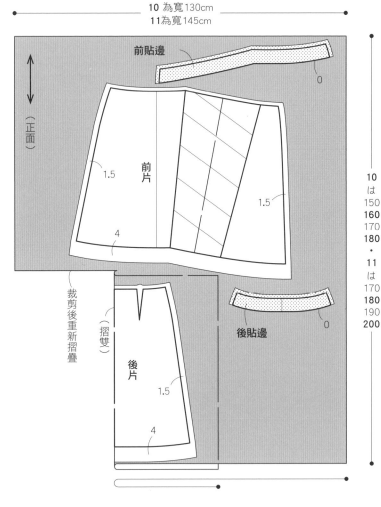

= 燙貼黏著襯位置

◆**縫份尺寸**…除指定處之外皆為1cm

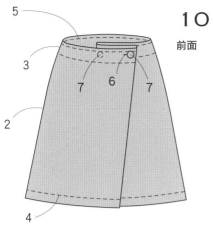

1○

前面

5
3
7 6 7
2
4

後面

1

11

前面

後面

作法 （通用）

◆**準備**◆①燙貼黏著襯（貼邊）。
②於布邊進行Z字形車縫（貼邊・脇線）。

1 車縫尖褶（參考P.40）

後片（背面）
②倒向中心側。
①車縫。

2 車縫裙子脇線

後片（正面）
①車縫。
前片（背面）
②燙開。

3 車縫貼邊脇線

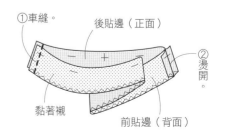

①車縫。
後貼邊（正面）
②燙開。
黏著襯
前貼邊（背面）

4 車縫下襬線

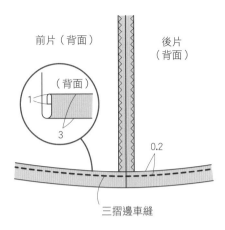

前片（背面）
後片（背面）
（背面）
1
3
0.2
三摺邊車縫

5 接縫貼邊

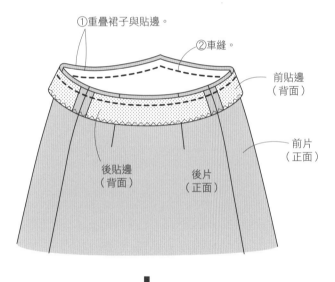

①重疊裙子與貼邊。
②車縫。
前貼邊（背面）
後貼邊（背面）
前片（正面）
後片（正面）

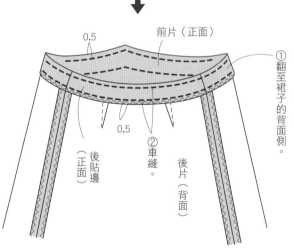

0.5
前片（正面）
①翻至裙子的背面側。
0.5
②車縫。
後貼邊（正面）
後片（背面）

6 摺疊表襞褶與陰襞褶並開釦洞

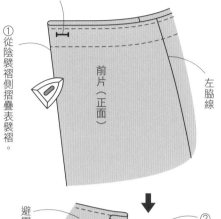

②在摺疊狀態下從表側開釦洞貫穿至下層。
①從陰襞褶側摺疊表襞褶。
前片（正面）
左脇線

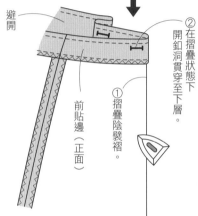

避開
②在摺疊狀態下開釦洞貫穿至下層。
前貼邊（正面）
①摺疊陰襞褶。

7 縫上鈕釦與內層用鈕釦

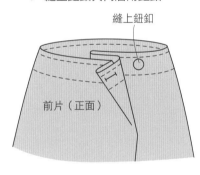

縫上鈕釦
前片（正面）

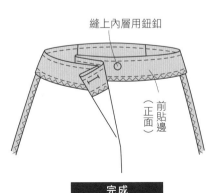

縫上內層用鈕釦
前貼邊（正面）

完成

材料	尺寸	S	M	L	LL
20表布（夏日羊毛布）	寬148cm	170cm	180cm	190cm	200cm
21表布（斜紋棉布）	寬110cm	210cm	220cm	230cm	240cm
黏著襯（FV-2N）	寬寬10cm	40cm	40cm	40cm	50cm
鬆緊帶	30mm	35cm	40cm	40cm	45cm
完成尺寸	20裙長	58cm	61cm	63cm	64cm
	21裙長	71.5cm	75cm	77.5cm	79cm

關於紙型   複寫A面20・21使用。

◆使用部位：右前／左前／後片／腰帶

＊20是右前與左前合併複寫成一片紙型。

4段數字
S尺寸
M尺寸
L尺寸
LL尺寸
只有1個數字表示各尺寸通用

＝紙型

腰帶

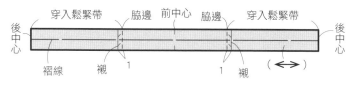

穿入鬆緊帶　脇邊　前中心　脇邊　穿入鬆緊帶
後中心　　　　　　　　　　　　　　　　後中心
褶線　襯　1　　1　襯　(　↔　)

鬆緊帶長度＝
（含2cm縫份）
35
37
39
42

20
前面

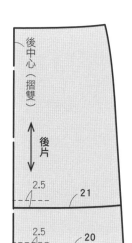

後中心（摺雙）
後片
2.5　21
2.5　20

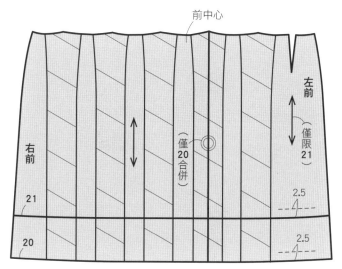

前中心
右前　（僅20合併）　左前（僅限21）
21　2.5
20　2.5

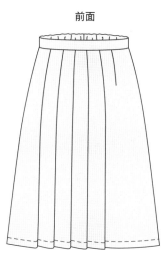

21

製作順序順序
（通用）

前面
9
3・4
5
1
1
2
9

後面
6・7・8

後面

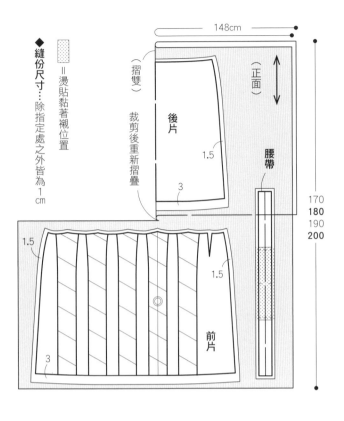

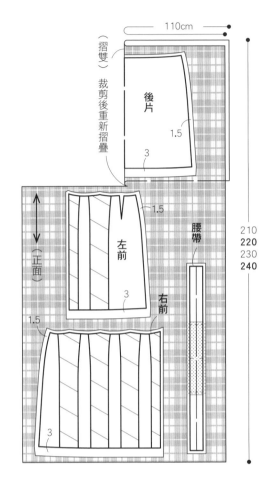

20的表布裁布圖

21的表布裁布圖

◆縫份尺寸…除指定處之外皆為1cm

▨ = 燙貼黏著襯位置

148cm

（正面）

（摺雙）裁剪後重新摺疊

後片

1.5

3

腰帶

（摺雙）裁剪後重新摺疊

後片

1.5

3

170
180
190
200

110cm

（正面）

左前

1.5

3

右前

腰帶

1.5

3

210
220
230
240

1.5

前片

1.5

3

○

作法
（共通）

◆準備◆ ①燙貼黏著襯（腰帶）。
②於布邊進行Z字形車縫（下襬線）。

1 車縫尖褶（參考P.40）
與下襬線（右前、後片作法相同）

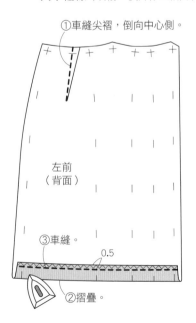

①車縫尖褶，倒向中心側。

左前
（背面）

③車縫。

0.5

②摺疊。

2 縫合右前與左前（僅限21）

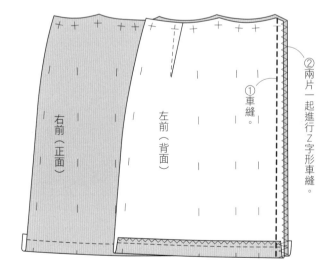

右前
（正面）

左前
（背面）

①車縫。

②兩片一起進行Z字形車縫。

74

3 從陰襞褶側摺疊表襞褶

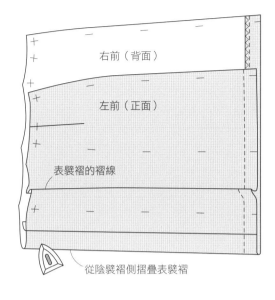

右前（背面）

左前（正面）

表襞褶的褶線

從陰襞褶側摺疊表襞褶

5 車縫脇線

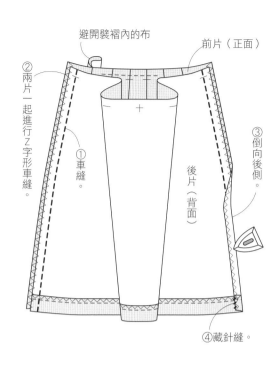

避開襞褶內的布

前片（正面）

②兩片一起進行Z字形車縫。

①車縫。

後片（背面）

③倒向後側。

④藏針縫。

4 摺疊襞褶並疏縫固定

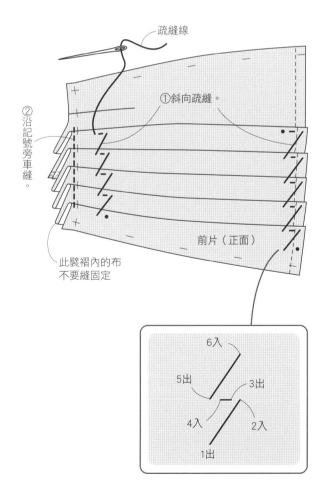

疏縫線

①斜向疏縫。

②沿記號旁車縫。

此襞褶內的布不要縫固定

前片（正面）

6入
5出
3出
4入
2入
1出

◆6至8的作法參考P.38・P.39

6 製作腰帶

7 接縫腰帶

8 穿入鬆緊帶

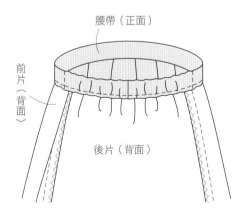

腰帶（正面）

前片（背面）

後片（背面）

9 拆掉疏縫線

17材料	尺寸	S	M	L	LL
表布（標準亞麻布）	寬140cm	270cm	280cm	290cm	300cm
黏著襯（FV-2N）	寬10cm	40cm	40cm	40cm	50cm
鬆緊帶	寬30mm	35cm	40cm	40cm	40cm
裡鈕釦	直徑13mm	4 顆	4 顆	4 顆	4 顆
完成尺寸	裙長	74.5cm	78cm	81cm	83cm

18材料	尺寸	S	M	L	LL
表布（棉・麻混紡平織布）	寬110cm	210cm	220cm	230cm	240cm
黏著襯（FV-2N）	寬50cm	10cm	10cm	10cm	10cm
鬆緊帶	寬30mm	30cm	35cm	35cm	40cm
完成尺寸	裙長	74.5cm	78cm	81cm	83cm

關於紙型　複寫B面17使用。

◆使用部位：17肩帶（僅限17）／17口袋布

＊前裙片、後裙片及腰帶紙型為直線設計，在布的背面直接畫線後裁剪。

4段數字
S尺寸
M尺寸
L尺寸
LL尺寸
只有1個數字表示各尺寸通用

17 鬆緊帶長度＝（含2cm縫份）
35
36
38
40

18 鬆緊帶長度＝（含2cm縫份）
29
32
34
38

＝紙型

17・18腰帶

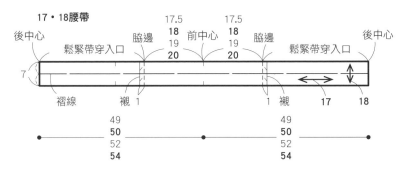

後中心　鬆緊帶穿入口　脇邊　前中心　脇邊　鬆緊帶穿入口　後中心
7　褶線　襯 1　1 襯　17　18

17.5 **18** 19 **20**　17.5 **18** 19 **20**

49 **50** 52 **54**　49 **50** 52 **54**

1.5　5　5　1.5　1.5　釦洞
17肩帶

17・18 口袋布
口袋口　持出　前中心　前裙片接縫位置

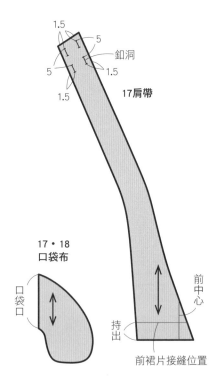

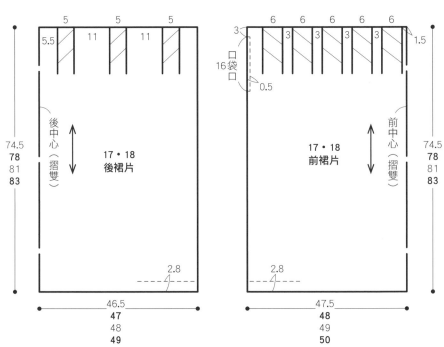

5　5　5
5.5　11　11
74.5 **78** 81 **83**
後中心（摺雙）
17・18 後裙片
2.8
46.5 **47** 48 **49**

6　6　6　6　6
3 3 3 3 3　1.5
口袋口 16　0.5
74.5 **78** 81 **83**
前中心（摺雙）
17・18 前裙片
2.8
47.5 **48** 49 **50**

17的表布裁布圖

140cm

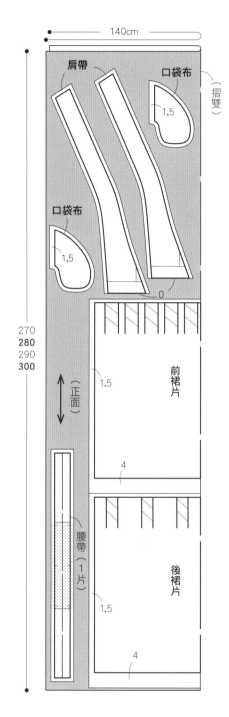

肩帶

口袋布

1.5

（摺雙）

口袋布

1.5

0

270
280
290
300

（正面）

1.5

前裙片

4

腰帶（1片）

1.5

後裙片

4

18的表布裁布圖

110cm

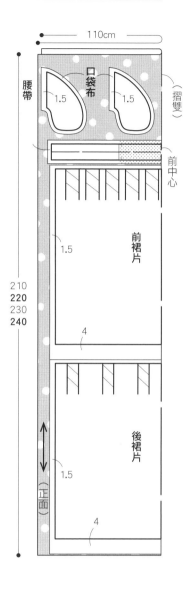

腰帶

口袋布

1.5

1.5

（摺雙）

前中心

1.5

前裙片

210
220
230
240

（正面）

4

1.5

後裙片

4

▨＝燙貼黏著襯位置

◆縫份尺寸…除指定處之外皆為 1 cm

製作順序　（共通）

17

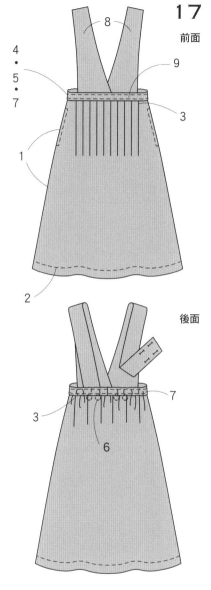

前面

8

4
・
5
・
7

9

3

1

2

後面

3

7

6

後面　前面

18

 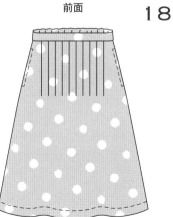

1 製作脇邊線口袋（參考P.37）

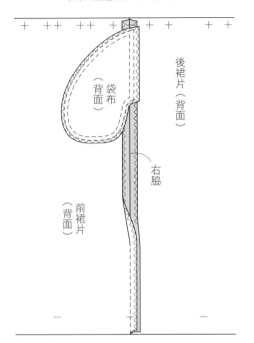

袋布（背面）　後裙片（背面）　右脇　前裙片（背面）

2 車縫下襬線

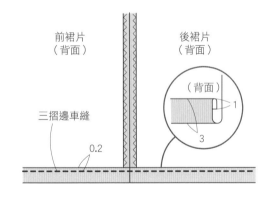

前裙片（背面）　後裙片（背面）　三摺邊車縫　0.2　（背面）　1　3

3 摺疊褶襇車縫固定

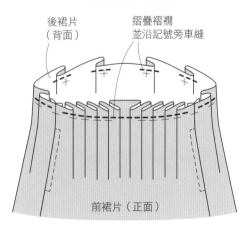

後裙片（背面）　摺疊褶襇並沿記號旁車縫　前裙片（正面）

4 製作腰帶（參考P.38）

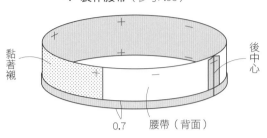

黏著襯　後中心　0.7　腰帶（背面）

5 接縫腰帶並車縫固定後腰帶（參考P.38）

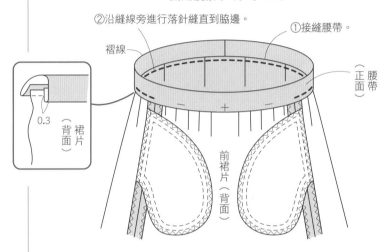

②沿縫線旁進行落針縫直到脇邊。　褶線　①接縫腰帶。　正面腰帶　0.3　裙片（背面）　前裙片（背面）

6 縫上內層用鈕釦

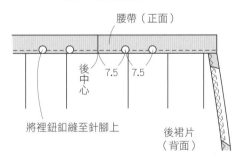

腰帶（正面）　後中心　7.5　7.5　將裡鈕釦縫至針腳上　後裙片（背面）

7 穿入鬆緊帶並車縫固定前腰帶（參考P.39）

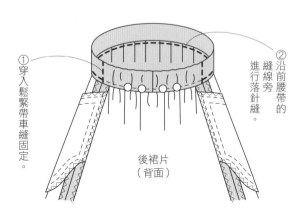

①穿入鬆緊帶車縫固定。　②沿前腰帶的縫線旁進行落針縫。　後裙片（背面）

8 製作肩帶（僅限17）

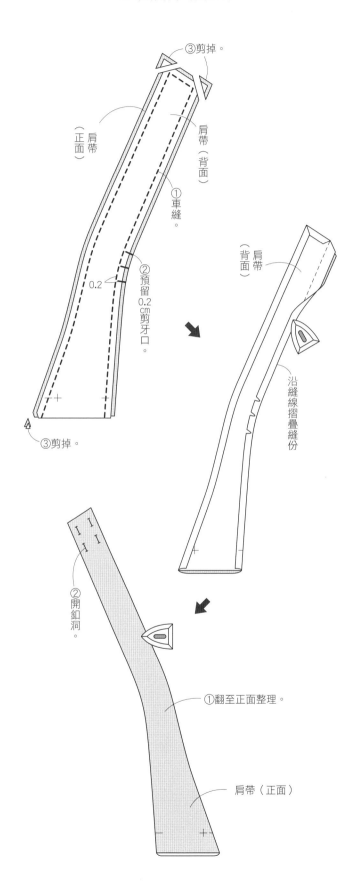

③剪掉。

肩帶（正面）

肩帶（背面）

①車縫。

②預留0.2cm剪牙口。

0.2

肩帶（背面）

沿縫線摺疊縫份

③剪掉。

②開釦洞。

①翻至正面整理。

肩帶（正面）

9 接縫肩帶（僅限17）

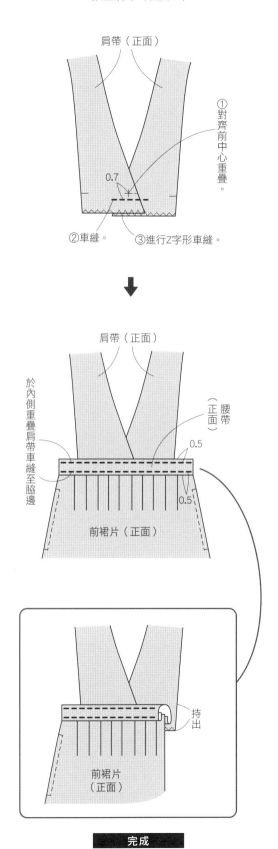

肩帶（正面）

①對齊前中心重疊。

0.7

②車縫。

③進行Z字形車縫。

肩帶（正面）

於內側重疊肩帶車縫至脇邊

腰帶（正面）

0.5

0.5

前裙片（正面）

持出

前裙片（正面）

完成

材料	尺寸	S	M	L	LL
表布（丹寧布）	寬73cm	280cm	290cm	300cm	310cm
黏著襯（FV-2N）	寬112cm	80cm	90cm	90cm	90cm
暗釦	直徑13mm	1組	1組	1組	1組
裡鈕釦	直徑13mm	1顆	1顆	1顆	1顆
完成尺寸	裙長（左下前中心）	68.5cm	72cm	74.5cm	76cm

4段數字
S尺寸
M尺寸
L尺寸
LL尺寸
只有1個數字表示各尺寸通用

關於紙型　複寫B面16使用。

◆使用部位：右前・右前貼邊／左前／後片／右前貼邊A／左前貼邊A／左前貼邊B／後貼邊B
＊前貼邊是將紙型翻面使用。

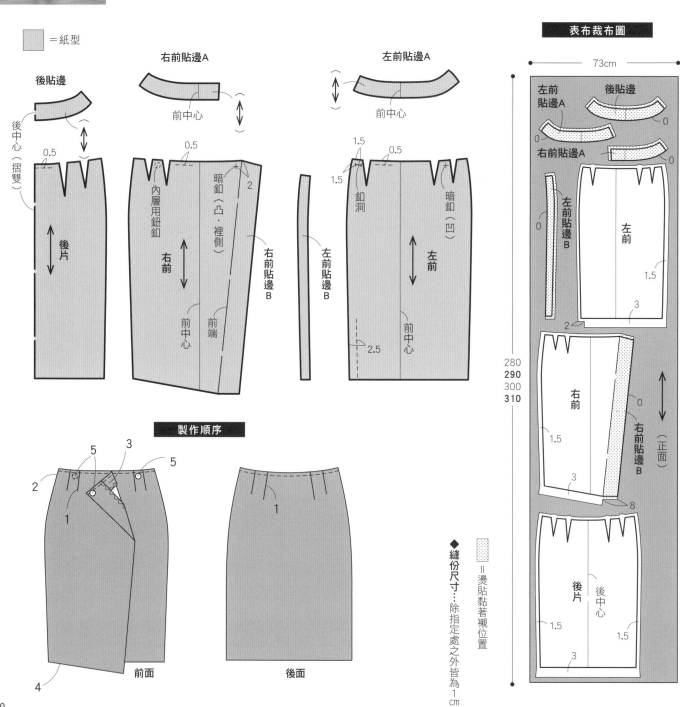

□ ＝紙型

後貼邊
右前貼邊A
左前貼邊A

製作順序

前面　　後面

表布裁布圖

◆縫份尺寸…除指定處之外皆為1cm

▨ ＝燙貼黏著襯位置

作法

◆準備◆

①燙貼黏著襯（貼邊）。
②於布邊進行Z字形車縫
（脇線·下襬線·貼邊）。

1 車縫尖褶（參考P.40）

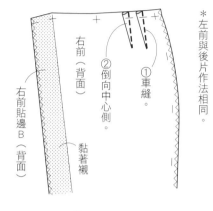

2 車縫脇線

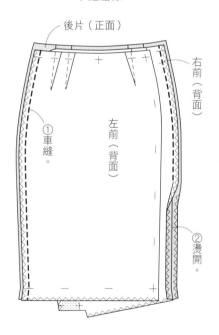

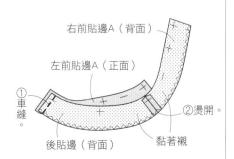

3 接縫貼邊

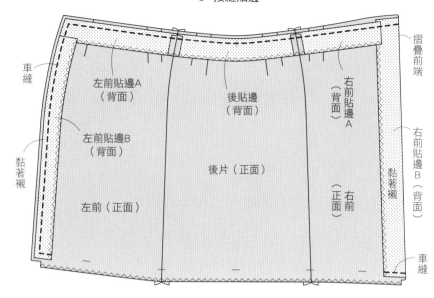

4 將貼邊翻至裙子背面側，並車縫下襬線

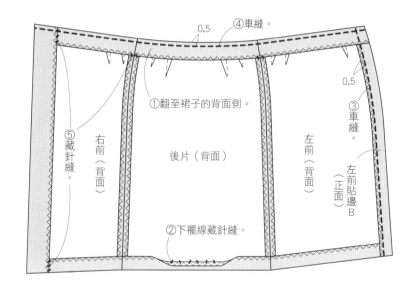

5 開釦洞並縫上內層用鈕釦與暗釦（參考P.43）

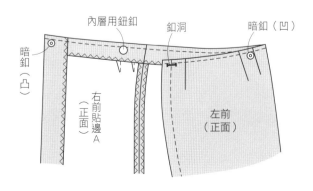

完成

材料	尺寸	S	M	L	LL
表布（Nep Twill）	寬116cm	250cm	260cm	270cm	280cm
鬆緊帶	寬30mm	65cm	70cm	75cm	80cm
完成尺寸	裙長	74.5cm	78cm	80.5cm	82cm

關於紙型　複寫B面3使用。

◆使用部位：前・後片

＊腰帶與斜布條紙型為直線設計，直接在布的背面畫線後裁剪。

◆紙型修改方式

＊加大裙片寬度。

＊加入拼接線與下襬線。

＊下襬布包含在裙片內，以其他紙複寫後使用。

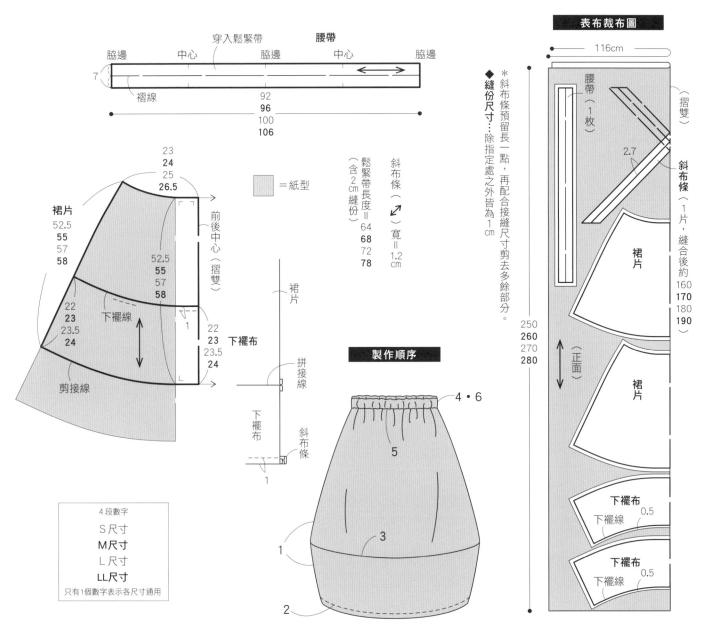

4段數字

S尺寸
M尺寸
L尺寸
LL尺寸

只有1個數字表示各尺寸通用

1 車縫裙片與下襬布的脇線

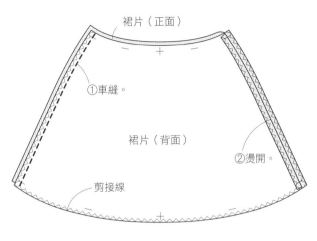

裙片（正面）

①車縫。

裙片（背面）

②燙開。

剪接線

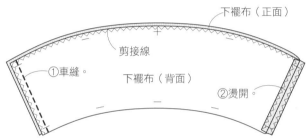

下襬布（正面）

剪接線

①車縫。

下襬布（背面）

②燙開。

2 車縫下襬線（斜布條作法參考P.43）

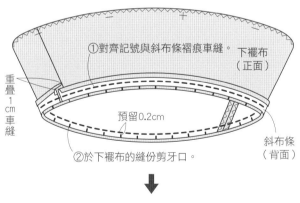

①對齊記號與斜布條褶痕車縫。
下襬布（正面）

重疊1cm車縫

預留0.2cm

②於下襬布的縫份剪牙口。

斜布條（背面）

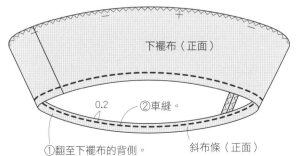

下襬布（正面）

0.2

②車縫。

①翻至下襬布的背側。

斜布條（正面）

3 縫合裙子與下襬布

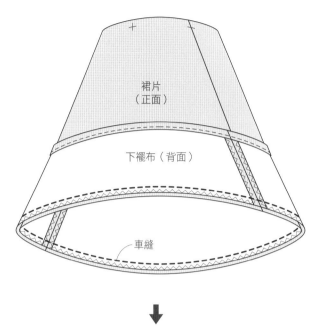

裙片（正面）

下襬布（背面）

車縫

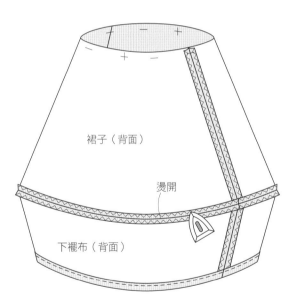

裙子（背面）

燙開

下襬布（背面）

◆4至6的作法參考P.57

4 製作腰帶

5 接縫腰帶

6 穿入鬆緊帶

完成

材料	尺寸	S	M	L	LL
24表布（斜紋棉布）	寬112cm	220cm	230cm	240cm	250cm
25表布（Standard Linen印花布）	寬110cm	240cm	250cm	260cm	270cm
鬆緊帶	寬30mm	65cm	70cm	75cm	80cm
完成尺寸	**24**裙長	61.5cm	64.5cm	66.5cm	68cm
	25裙長	71cm	74.5cm	77cm	78.5cm

關於紙型　複寫 B 面24・25使用。

◆ 使用部位：中央布／脇布／腰帶

■ ＝紙型

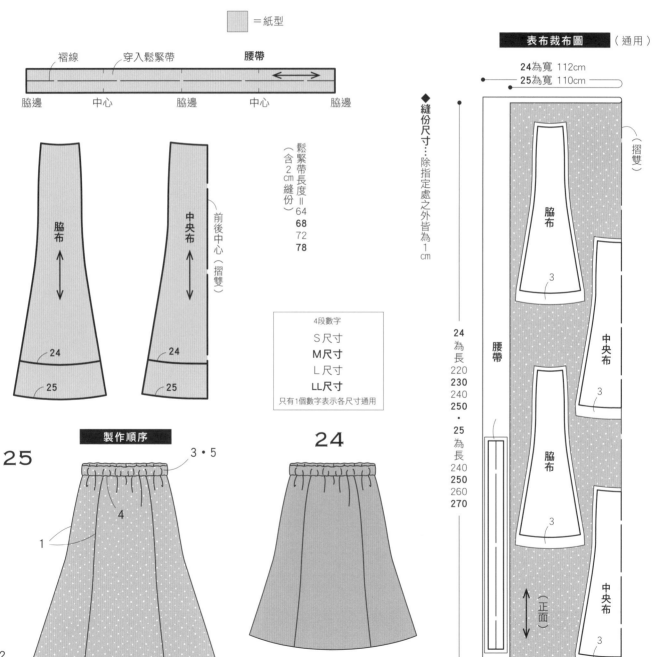

表布裁布圖　（通用）

製作順序

25

24

1 車縫脇線與剪接線

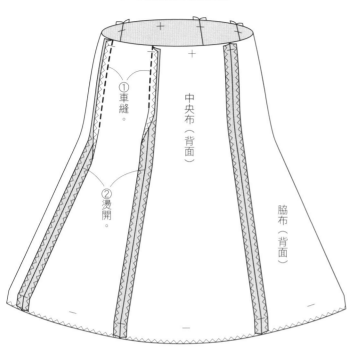

①車縫。
②燙開。
中央布（背面）
脇布（背面）

2 下襬線藏針縫（參考 P.49）

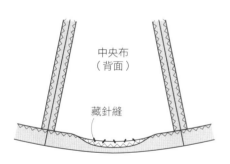

中央布（背面）
藏針縫

3 製作腰帶

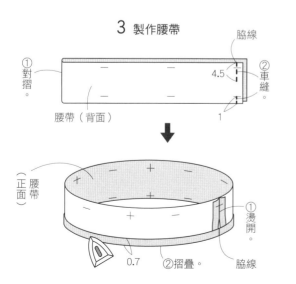

①對摺。
脇線
②車縫。
4.5
腰帶（背面）
1
①燙開。
②摺疊。
脇線
（正面）腰帶
0.7

4 接縫腰帶

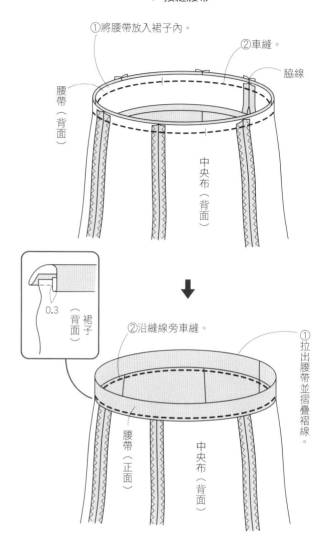

①將腰帶放入裙子內。
②車縫。
脇線
腰帶（背面）
中央布（背面）

0.3
裙子（背面）

②沿縫線旁車縫。
①拉出腰帶並摺疊褶線。
腰帶（正面）
中央布（背面）

5 穿入鬆緊帶

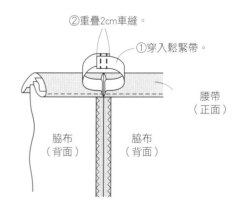

②重疊2cm車縫。
①穿入鬆緊帶。
腰帶（正面）
脇布（背面）
脇布（背面）

完成

P.28 22 **P.29 23**

材料	尺寸	S	M	L	LL
22表布（Lame Twill）	寬134cm	170cm	180cm	190cm	200cm
23表布（半亞麻斜紋布）	寬110cm	170cm	180cm	190cm	200cm
黏著襯（FV-2N）	寬10cm	40cm	40cm	50cm	50cm
鬆緊帶	寬30mm	35cm	40cm	40cm	45cm
完成尺寸	裙長	59cm	62cm	64.5cm	66cm

關於紙型　複寫A面22‧23使用。

◆使用部位：前片／後片／腰帶／口袋（僅限23）

4段數字
S尺寸
M尺寸
L尺寸
LL尺寸
只有1個數字表示各尺寸通用

鬆緊帶長度＝
（含2cm縫份）
35
37
39
42

23 口袋

☐＝紙型

口袋口

0.7

0.2

22‧23腰帶

後中心　穿入鬆緊帶　脇邊　前中心　脇邊　穿入鬆緊帶　後中心

襯　1　褶線　1　襯　（↔）

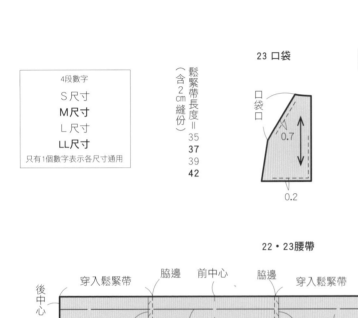

後中心（摺雙）

22‧23後片

23口袋接縫位置

0.7

止縫點

前中心

前中心（摺雙）

22‧23前片

◆縫份尺寸…除指定處之外皆為1cm

▨＝燙貼黏著襯位置

表布裁布圖

（通用）

22為寬134cm
23為寬110cm

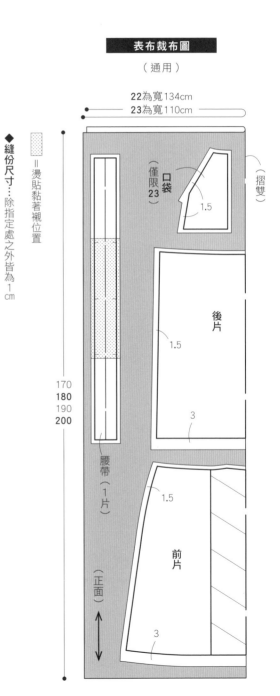

僅限23　口袋　（摺雙）

1.5

後片

1.5

3

腰帶（1片）

前片

（正面）

1.5

3

170
180
190
200

◆準備◆①燙貼黏著襯（腰帶）。
②於布邊進行Z字形車縫（口袋・脇線・下襬線）。

前面
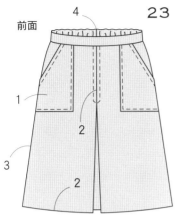

1 製作口袋並接縫（僅限23）

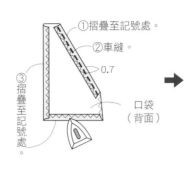

①摺疊至記號處。
②車縫。
0.7
③摺疊至記號處。

口袋
（背面）

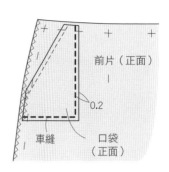

前片（正面）
0.2
車縫
口袋
（正面）

後面

2 下襬線藏針縫，並車縫襞褶

❶
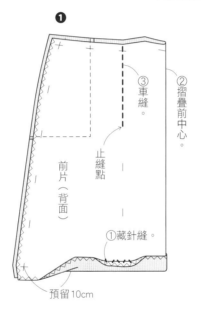

③車縫。
②摺疊前中心。
止縫點
前片（背面）
①藏針縫。
預留10cm

❷
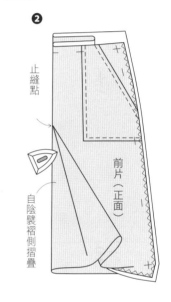

止縫點
自陰襞褶側摺疊
前片（正面）

❸
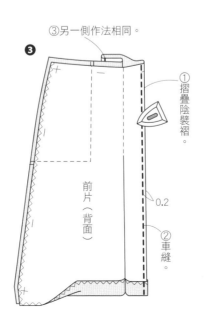

③另一側作法相同。
①摺疊陰襞褶。
前片（背面）
0.2
②車縫。

❹
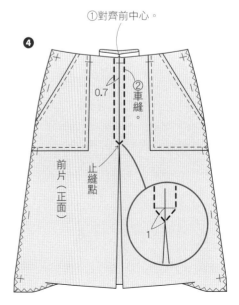

①對齊前中心。
0.7
②車縫。
止縫點
前片（正面）
1

3 車縫脇線，剩餘的下襬線藏針縫

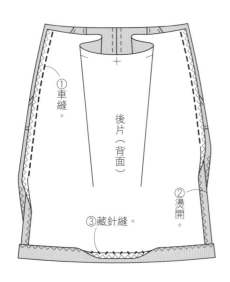

① 車縫。

後片（背面）

② 燙開。

③ 藏針縫。

4 製作腰帶（參考P.38）

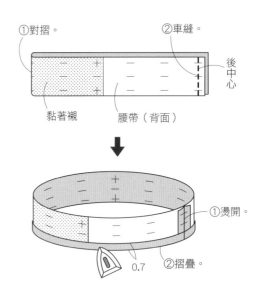

① 對摺。

② 車縫。

後中心

黏著襯

腰帶（背面）

① 燙開。

② 摺疊。

0.7

5 接縫腰帶（參考P.38）

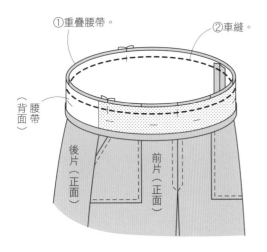

① 重疊腰帶。

② 車縫。

腰帶（背面）

後片（正面）

前片（正面）

6 車縫固定後腰帶（參考P.38）

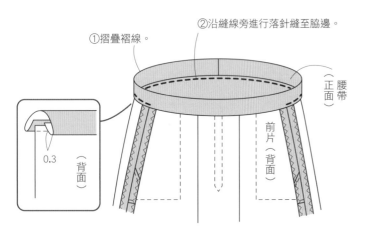

① 摺疊褶線。

② 沿縫線旁進行落針縫至脇邊。

腰帶（正面）

前片（背面）

0.3（背面）

7 穿入鬆緊帶（參考P.39）

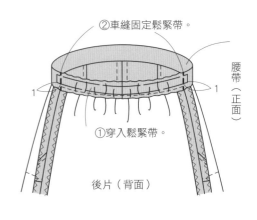

② 車縫固定鬆緊帶。

腰帶（正面）

① 穿入鬆緊帶。

後片（背面）

1　　　1

8 車縫固定前腰帶（參考P.39）

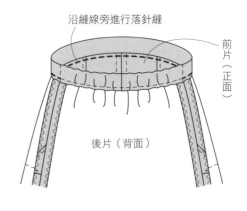

沿縫線旁進行落針縫

前片（正面）

後片（背面）

完成

Sewing 縫紉家 35

25款經典設計隨你挑！
自己作絕對好穿搭的手作裙

授　　權／Boutique-sha
譯　　者／瞿中蓮
發 行 人／詹慶和
總 編 輯／蔡麗玲
執行編輯／劉蕙寧
編　　輯／蔡毓玲‧黃璟安‧陳姿伶‧陳昕儀
封面設計／韓欣恬
美術編輯／陳麗娜‧周盈汝
內頁排版／韓欣恬
出 版 者／雅書堂文化事業有限公司
發 行 者／雅書堂文化事業有限公司
郵撥帳號／18225950　郵政劃撥戶名：雅書堂文化事業有限公司
地　　址／新北市板橋區板新路206號3樓
網　　址／www.elegantbooks.com.tw
電子郵件／elegant.books@msa.hinet.net
電　　話／(02)8952-4078
傳　　真／(02)8952-4084

2019年9月初版一刷　定價 420 元

Lady Boutique Series No.4594
TEIBAN MO RYUKO MO TEZUKURI SHITAI SKIRT
© 2018 Boutique-sha, Inc.
All rights reserved.
Original Japanese edition published in Japan by BOUTIQUE-SHA.
Chinese (in complex character) translation rights arranged with
BOUTIQUE-SHA
through Keio Cultural Enterprise Co., Ltd., New Taipei City, Taiwan.

經銷／易可數位行銷股份有限公司
地址／新北市新店區寶橋路235巷6弄3號5樓
電話／(02)8911-0825　傳真／(02)8911-0801

國家圖書館出版品預行編目(CIP)資料

25款經典設計隨你挑！自己作絕對好穿搭的手作
裙 / Boutique-sha授權; 瞿中蓮譯.
-- 初版. – 新北市：雅書堂文化, 2019.09
　　面；　　公分. -- (Sewing縫紉家; 35)
ISBN 978-986-302-508-5 (平裝)

1.縫紉 2.裙

426.3　　　　　　　　　　　108014320

Staff

執行編輯／和田尚子‧坪明美
作法校閱／松岡陽子
攝影／原田拳（人物）‧腰塚良彥（靜物）
妝髮／三輪昌子
模特兒／カリーナ
書籍設計／渡邊菜織
作法繪圖／たけうちみわ（trifle-biz）
紙型放版／長谷川綾子